铁路电工电子技术

主 编 王燕梅
副主编 李艳武 周雪冬 郭 岩
　　　　薛洁琼 王耀楠 高 林

北京交通大学出版社
·北京·

内 容 简 介

本书是根据铁路职业教育高职电气类专业教学计划课程教学大纲编写的。本书分电工技术、模拟电子技术和数字电子技术三部分内容。为了适应铁路电气类专业对工程技术人员的要求，结合多年的教学经验和教改实践，本书选取以下内容进行介绍：电路的基本概念和基本定律、直流电路分析、交流电路、变压器认知、电路常用仪器仪表实训、半导体二极管认知、半导体三极管认知、数字电路认知、组合逻辑电路与时序逻辑电路的认知、脉冲波形的产生与整形等内容。

本书可作为高等职业学校和中专学校铁路电气类专业通用教材，也可以作为相关专业的基础课教材、工程技术人员自学参考教材，各个专业根据岗位实际需求，可进行必要的增减。

版权所有，侵权必究。

图书在版编目（CIP）数据

铁路电工电子技术/王燕梅主编．—北京：北京交通大学出版社，2020.9（2024.8 重印）
ISBN 978-7-5121-4341-8

Ⅰ．①铁… Ⅱ．①王… Ⅲ．①铁路-电工技术 ②铁路-电子技术 Ⅳ．①U23

中国版本图书馆 CIP 数据核字（2020）第 191975 号

铁路电工电子技术
TIELU DIANGONG DIANZI JISHU

责任编辑：田秀青

出版发行：北京交通大学出版社	电话：010-51686414　http://www.bjtup.com.cn
地　　址：北京市海淀区高梁桥斜街 44 号	邮编：100044

印　刷　者：北京鑫海金澳胶印有限公司
经　　销：全国新华书店
开　　本：185 mm×260 mm　　印张：12　　字数：307 千字
版 印 次：2020 年 9 月第 1 版　　2024 年 8 月第 3 次印刷
印　　数：4 501~5 500 册　　定价：45.00 元

本书如有质量问题，请向北京交通大学出版社质监组反映。对您的意见和批评，我们表示欢迎和感谢。
投诉电话：010-51686043，51686008；传真：010-62225406；E-mail：press@bjtu.edu.cn。

前 言

　　本书是根据铁路职业教育高职电气类专业教学计划课程教学大纲编写的。本书分电工技术、模拟电子技术和数字电子技术三部分内容。在教学安排内容时，各个专业根据岗位实际需求，可进行必要的增减。

　　铁路电工电子技术是一门应用性很强的技术基础课。随着现代电子技术的迅速发展，中、大规模和超大规模数字、模拟电路在各个领域得到了广泛应用，铁路行业也不例外。为了适应铁路电气类专业对工程技术人员的要求，结合多年的教学经验和教改实践，我们编写了本书，在编写本书的过程中我们主要考虑到以下几个方面：

　　1. 在满足教学大纲要求的同时，紧扣铁路职业发展的特点和要求，做到实际性和操作性相结合，尽可能处理好实践与理论知识的衔接。

　　2. 内容、结构安排科学合理。在内容阐述上，力求简明扼要、层次清楚、图文并茂、通俗易懂；在实训项目的安排上，强调实用性、可操作性，难度相对适度，具备较好的通用性和系统性。

　　3. 本书作为高职大一、大二通用教材，各个专业根据学生将来工作岗位需求可以进行必要的增减。

　　本书结合我国高职教育的特点，重点介绍了铁路电气类相关知识以及实际应用案例。本教材为项目化教材，一共分十个项目：项目1——电路的基本概念和基本定律；项目2——直流电路分析；项目3——交流电路；项目4——变压器认知；项目5——电路常用仪器仪表实训；项目6——半导体二极管认知；项目7——半导体三极管认知；项目8——数字电路认知；项目9——组合逻辑电路与时序逻辑电路的认知；项目10——脉冲波形的产生与整形。本书能够让学生以项目为载体，以任务为驱动，将理论知识灵活地运用于实际当中，是一本理论与实践相结合的项目化教材。

　　本书由黑龙江交通职业技术学院王燕梅担任主编并审阅统稿，李艳武、周雪冬、郭岩、薛洁琼、王耀楠、高林担任副主编，具体分工如下：郭岩编写了项目1、2；薛洁琼编写了项目3、4；王耀楠编写了项目5、8；高林编写了项目6；周雪冬编写了项目7；李艳武编写了项目9、10。

　　感谢中国铁路北京局集团有限公司石家庄电务段培训中心主任高林、中国铁路哈尔滨局集团有限公司哈尔滨电务段副段长刘英波为本书提供了技术支持和指导。

编者

2020年5月

目 录

项目1 电路的基本概念和基本定律 ········· 1
  任务1.1 电路的基本概念 ············· 3
  任务1.2 电阻、电感、电容的认知 ······· 9
  任务1.3 欧姆定律的认知 ············· 12
  任务1.4 电压源与电流源 ············· 15
  任务1.5 基尔霍夫定律认知 ··········· 18

项目2 直流电路分析 ······················ 23
  任务2.1 电阻元件连接 ··············· 25
  任务2.2 电源的等效变换 ············· 28
  任务2.3 支路电流法 ················· 31
  任务2.4 网孔电流法 ················· 33
  任务2.5 叠加定理 ··················· 35
  任务2.6 戴维南定理 ················· 37

项目3 交流电路 ·························· 39
  任务3.1 交流电路的基本知识 ········· 41
  任务3.2 交流电路的分析 ············· 45
  任务3.3 对称三相电路 ··············· 49
  任务3.4 安全用电常识（一） ········· 52

项目4 变压器认知 ························ 55
  任务4.1 磁路的基本知识 ············· 57
  任务4.2 变压器的结构以及工作原理 ··· 59
  任务4.3 特殊变压器 ················· 64

项目5 电路常用仪器仪表实训 ············ 67
  任务5.1 多用表的使用 ··············· 69
  任务5.2 电流与电压的参数测量 ······· 73
  任务5.3 兆欧表的使用 ··············· 75
  任务5.4 安全用电常识（二） ········· 78

项目6 半导体二极管认知 ················ 81
  任务6.1 半导体二极管的基本知识 ····· 83
  任务6.2 半导体二极管的工作原理以及应用 ··· 89
  任务6.3 特殊二极管认知 ············· 95

项目7 半导体三极管认知 ················ 99
  任务7.1 晶体三极管认知 ············· 101

I

任务 7.2　晶体三极管放大电路认知 ·· 106
　　任务 7.3　集成运算放大电路认知 ·· 112
项目 8　数字电路认知 ·· 119
　　任务 8.1　数制与编码 ··· 121
　　任务 8.2　基本的逻辑门电路与应用 ·· 128
　　任务 8.3　逻辑函数的化简 ·· 135
项目 9　组合逻辑电路与时序逻辑电路认知 ·· 143
　　任务 9.1　组合逻辑电路认知 ·· 145
　　任务 9.2　时序逻辑电路认知 ·· 160
项目 10　脉冲波形的产生与整形 ·· 167
　　任务 10.1　555 定时器认知 ·· 169
　　任务 10.2　脉冲电路认知 ··· 173

项目1　电路的基本概念和基本定律

项目描述

随着高速铁路在我国的迅速发展，铁路类电气化专业人才的需求量急剧增加。电工电子技术是电气化专业的基础课程，学习电路中的基本概念和基本定律如同"打地基"，只有对电路中常用电气参数、电学符号、电学定律有了清晰的认知，才能为后续复杂电路结构的学习提供"传送通道"。

教学目标

【能力目标】
1. 能正确识别电路中的基本物理量以及电路模型。
2. 能够对基本电路的组成进行分析与判定。
3. 能够正确利用基尔霍夫定律对电路中的基本物理量进行计算。
4. 学会探究学习，具备自主探究学习的能力。

【知识目标】
1. 明确电路基本物理单位换算关系。
2. 了解电路元件基本功能及常见电学公式。
3. 重点掌握欧姆定律及基尔霍夫定律的含义及应用。

【素质目标】
1. 能够形成自主探究学习及团队协作的意识。
2. 树立"安全第一"的责任意识，养成遵章守纪的工作作风。

任务1.1 电路的基本概念

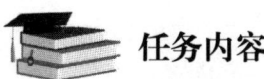 任务内容

了解电路的作用与组成部分；理解电路元件、电路模型的意义；理解电压、电流参考方向的概念；掌握电路中电位的计算；会判断电源和负载；理解三种元件的伏安关系；掌握基尔霍夫定律，能够进行基本电路计算。

1.1.1 电路和电路模型

1. 电路

电路是由各种元件为实现某种应用目的，按一定方式连接而成的整体，其特征是提供了电流流动的通道。根据电路的作用，电路可分为两类：一类是用于实现电能的传输和转换，另一类是用于信号的处理和传递。

根据电源提供的电流不同，电路还可以分为直流电路和交流电路两种。电路的构成如下。

（1）电源：把其他形式的能转换成电能的装置及向电路提供能量的设备，如干电池、蓄电池、发电机等。

（2）负载：把电能转换成为其他能的装置，即各种用电设备，如电灯、电动机、电热器等。

（3）中间环节：①导线，把电源和负载连接成闭合回路，常用的是铜导线和铝导线；②控制和保护装置，用来控制电路的通断、保护电路的安全，使电路能够正常工作，如开关、熔断器、继电器等。

综上所述，电路主要由电源、负载和中间环节等三部分组成，如图1-1所示的手电筒电路为一简单电路：干电池作为电源提供能量；灯泡作为负载消耗能量，发出光能和热能；开关和导线作为中间环节将干电池与灯泡连接起来，源源不断传输电能。

2. 电路模型

在实际电路组成中，往往元件组成很复杂，如电阻、电容、电感、蜂鸣器、喇叭等。如果考虑这些元器件的所有性质，电路问题会难以分析。为了便于对实际电路进行

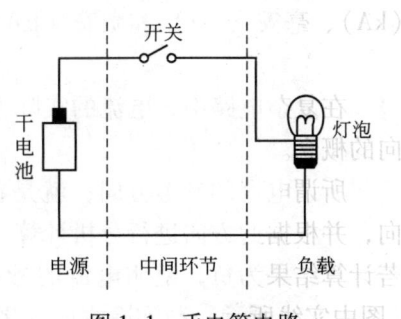

图1-1 手电筒电路

分析，必须在一定条件下对元件加以理想化，突出其主要的电磁特性，而忽略其次要因素，用一个足以表征其主要性质的模型来表示它，这样实际电路就可近似地认为是由这些理想电路元件组成的电路，也可称作实际电路的电路模型，表1-1展示了几种常见的理想电路元件的图形符号。

表 1-1　理想电路元件的图形符号

1	电阻（R）	—▭—
2	电容（C）	—⊦⊢—
3	电感（L）	—⌒⌒⌒—
4	电压源（U_s/u_s）	+$u_s(U_s)$−
5	电流源（I_s/i_s）	$i_s(I_s)$ ⊖

1.1.2　电路的基本物理量

1. 电流及其参考方向

电流的大小等于单位时间内通过导体横截面的电荷量。电流的实际方向习惯上是指正电荷移动的方向。

电流分为两种：一种是电流的大小和方向均不随时间变化，称为恒定电流，简称直流电流，用 I 表示；另一种是大小和方向均随时间变化，称为交变电流，简称交流电流，用 i 表示。

对于直流电流，单位时间内通过导体截面的电荷量是恒定不变的，其大小为

$$I = \frac{Q}{T}$$

式中，Q 为通过导体截面的电荷量，T 为电荷通过导体截面的时间。

对于交流电流，若在一个无限小的时间间隔 dt 内，通过导体横截面的电荷量为 dq，则该瞬间的电流为

$$i = \frac{dq}{dt}$$

在国际单位制中电流的主要单位是安［培］，单位符号为 A，常用的单位还有千安（kA）、毫安（mA）和微安（μA）等。其换算关系为

$$1\,\text{A} = 10^3\,\text{mA} = 10^6\,\mu\text{A}$$

在复杂电路中，电流的实际方向有时难以确定。为了便于分析计算，便引入电流参考方向的概念。

所谓电流的参考方向，就是在分析电路时，先任意选定某一方向，作为待求电流的方向，并根据此方向进行分析计算。若计算结果为正，说明电流的参考方向与实际方向相同；若计算结果为负，说明电流的参考方向与实际方向相反。图 1-2 表示了电流的参考方向（图中实线所示）与实际方向（图中虚线所示）之间的关系。

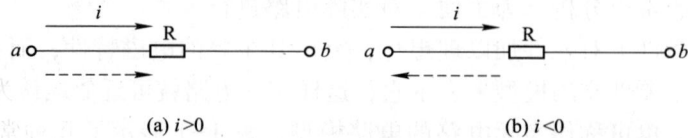

图 1-2　电流的参考方向与实际方向之间的关系

【例 1-1】 如图 1-3 所示，电流的参考方向已标出，并已知 $I_1 = -1$ A，$I_2 = 1$ A，试指出电流的实际方向。

解：$I_1 = -1$ A<0，则 I_1 的实际方向与参考方向相反，应由点 B 流向点 A。$I_2 = 1$ A>0，则 I_2 的实际方向与参考方向相同，由点 B 流向点 A。

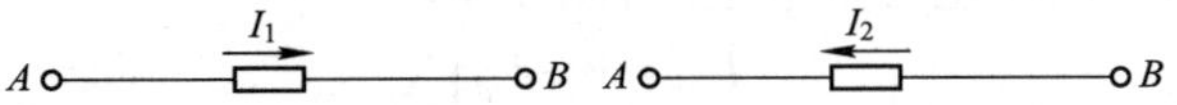

图 1-3　例 1-1 图

2. 电压及其参考方向

在电路中，电场力把单位正电荷从 a 点移到 b 点所做的功（W）称为 a、b 两点间的电压，也称电位差，记为

$$u_{ab} = \frac{\mathrm{d}W}{\mathrm{d}q}$$

对于直流电压，则为

$$U_{AB} = \frac{W}{Q}$$

直流电压常用 U 表示，交流电压常用 u 表示。在国际单位制中电流的主要单位是伏[特]，符号为 V，常用的单位还有千伏（kV）、毫伏（mV）和微伏（μV）等，其换算关系为

$$1\ \text{V} = 10^3\ \text{mV} = 10^6\ \mu\text{V}$$

电压的参考方向习惯规定从高电位指向低电位，其方向可用箭头表示（箭头可以标注在元件上方或元件上），也可用"+""-"极性表示，如图 1-4 所示。若用双下标表示，如 U_{ab} 表示 a 指向 b。显然 $U_{ab} = -U_{ba}$，值得注意的是电压总是针对两点而言。

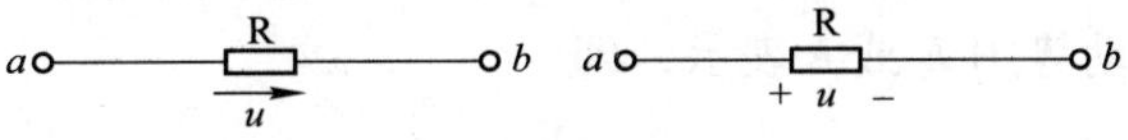

图 1-4　电压参考方向的设定

电压的实际方向是正电荷电能减少的方向，也是电场力对正电荷做功的方向，当参考方向与实际方向相同时，电压值为正；反之，电压值则为负。

【例 1-2】 如图 1-5 所示，电压的参考方向已标出，并已知 $U_1 = 1$ V，$U_2 = -1$ V，试指出电压的实际方向。

解：$U_1 = 1$ V>0，则 U_1 的实际方向与参考方向相同，由 A 指向 B。

$U_2 = -1$ V<0，则 U_2 的实际方向与参考方向相反，应由 A 指向 B。

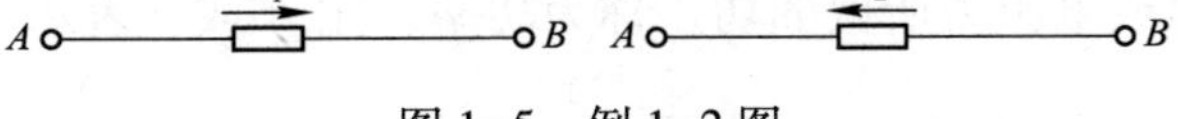

图 1-5　例 1-2 图

3. 电位

在电路中任选一点作为参考点，则电路中某一点与参考点之间的电压称为该点的电位。电位用符号 V 或 v 表示。例如，A 点的电位记为 V_A 或 v_A，显然，$V_A = V_{AO}$，$v_A = v_{AO}$。电

位的单位是伏[特](V)。

电路中的参考点可任意选定。当电路中有接地点时，则以地为参考点。若没有接地点时，则选择较多导线的汇集点为参考点。在电子线路中，通常以设备外壳为参考点，参考点用符号"⊥"表示。

有了电位的概念后，电压也可用电位来表示，即

$$\left.\begin{aligned}U_{AB} &= V_A - V_B \\ u_{AB} &= v_A - v_B\end{aligned}\right\}$$

因此，电压也称为电位差。

还需要指出，电路中任意两点间的电压与参考点的选择无关。即对于不同的参考点，虽然各点的电位不同，但任意两点间的电压始终不变。

【例 1-3】 在图 1-6 所示的电路中，已知各元件的电压为：$U_1 = 10$ V，$U_2 = 5$ V，$U_3 = 8$ V，$U_4 = -23$ V。若分别选 B 点与 C 点为参考点，试求电路中各点的电位。

解：(1) 选 B 点为参考点，则 $V_B = 0$

$$V_A = U_{AB} = -U_1 = -10 \text{ V}$$
$$V_C = U_{CB} = U_2 = 5 \text{ V}$$
$$V_D = U_{DB} = U_3 + U_2 = 8 + 5 = 13(\text{V})$$

(2) 选 C 点为参考点，则 $V_C = 0$

$$V_A = U_{AC} = -U_1 - U_2 = -10 - 5 = -15(\text{V})$$

或

$$V_A = U_{AC} = U_4 + U_3 = -23 + 8 = -15(\text{V})$$
$$V_B = U_{BC} = -U_2 = -5 \text{ V}$$
$$V_D = U_{DC} = U_3 = 8 \text{ V}$$

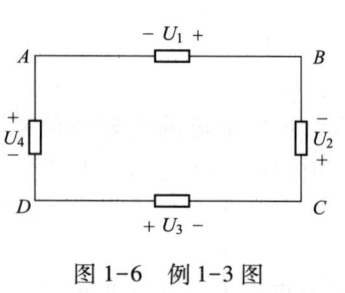

图 1-6 例 1-3 图

4. 电动势

电源力把单位正电荷由低电位点 B 经电源内部移到高电位点 A 克服电场力所做的功，称为电源的电动势。电动势用 E 或 e 表示，即

$$\left.\begin{aligned}E &= \frac{W}{Q} \\ e &= \frac{dw}{dq}\end{aligned}\right\}$$

电动势的单位也是伏[特](V)。

电动势与电压的实际方向不同，电动势的方向是从低电位指向高电位，即由"-"极指向"+"极，而电压的方向则从高电位指向低电位，即由"+"极指向"-"极。此外，电动势只存在于电源的内部。

5. 功率

单位时间内电场力或电源力所做的功，称为功率，用 P 或 p 表示，即

$$\left.\begin{aligned}P &= \frac{W}{T} \\ p &= \frac{dw}{dt}\end{aligned}\right\}$$

若已知元件的电压和电流，功率的表达式则为

$$P=UI \brace p=ui$$

功率的单位是瓦［特］（W）。

当电流、电压为关联参考方向时，表示元件消耗能量。若计算结果为正，说明电路确实消耗功率，为耗能元件。若计算结果为负，说明电路实际产生功率，为供能元件。

当电流、电压为非关联参考方向时，表示元件产生能量。若计算结果为正，说明电路确实产生功率，为供能元件。若计算结果为负，说明电路实际消耗功率，为耗能元件。

【例 1-4】 （1）在图 1-7 中，若 $I=2$ A，$U_1=1$ V，$U_2=-1$ V，求两元件消耗或产生的功率。（2）在图 1-7（b）中，若元件产生的功率为 4 W，求 I。

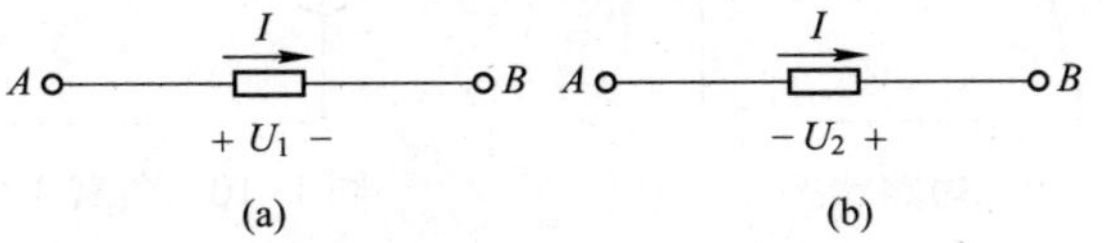

图 1-7　例 1-4 图

解：（1）在图 1-7（a）中，电流、电压为关联参考方向，元件消耗的功率为
$$P=U_1I=1\times2=2(\text{W})>0$$
表明元件消耗功率，为负载。

在图 1-7（b）中，电流、电压为非关联参考方向，元件产生的功率为
$$P=U_2I=-1\times2=-2(\text{W})<0$$
表明元件消耗功率，为负载。

（2）在图 1-7（b）中电流、电压为非关联参考方向，且是产生功率，故
$$P=U_2I=4\text{ W}$$
$$I=\frac{4}{U_2}=\frac{4}{-1}=-4(\text{A})$$

负号表示电流的实际方向与参考方向相反。

1.1.3 电路的工作状态

电路在不同的工作条件下，会处于不同的状态，并具有不同的特点。电路的工作状态有三种：开路状态、负载状态和短路状态。

1. 开路状态（空载状态）

在图 1-8 所示电路中，当开关 S 断开时，电源则处于开路状态。处于开路状态时，电路中电流为零，电源不输出能量，电源两端的电压称为开路电压，用 U_{OC} 表示，其值等于电源电动势 E，即
$$U_{OC}=E$$

2. 短路状态

在图 1-9 所示电路中，当电源两端由于某种原因短接在一起时，电源则处于短路状态。短路电流 $I_{SC}=\dfrac{E}{R_0}$ 很大，此时电源所产生的电能全被内阻 R_0 所消耗。

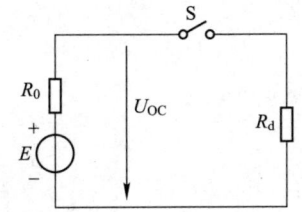

图 1-8　开路状态

短路通常是严重的事故，应尽量避免发生，为了防止短路事故，通常在电路中接入熔断器或断路器，以便在发生短路时能迅速切断故障电路。

3. 负载状态（通路状态）

电源与一定大小的负载接通，称为负载状态。这时电路中流过的电流称为负载电流，如图 1-10 所示。

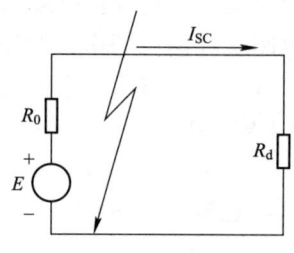

图 1-9　短路状态

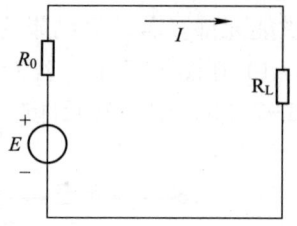

图 1-10　负载工作状态

负载的大小是以消耗功率的大小来衡量的。当电压一定时，负载的电流越大，则消耗的功率越大，负载也越大。

为使电气设备正常运行，在电气设备上都标有额定值，额定值是生产厂为了使产品能在给定的工作条件下正常运行而规定的正常允许值。一般常用的额定值有：额定电压、额定电流、额定功率，用 U_N、I_N、P_N 表示。

需要指出，电气设备实际消耗的功率不一定等于额定功率。若 $P=P_N$ 时，称为满载运行；若 $P<P_N$，称为轻载运行；而当 $P>P_N$ 时，称为过载运行。电气设备应尽量在接近额定的状态下运行。

习题

1. 简述关联参考方向与非关联参考方向的区别。
2. 什么是电流与电压的关联参考方向？
3. 简述电路模型的基本组成及各部分功能。
4. 把额定电压 110 V、额定功率分别为 100 W 和 60 W 的两只灯泡，串联在端电压为 220 V 的电源上使用，这种接法会有什么后果？它们实际消耗的功率各是多少？如果是两个 110 V、60 W 的灯泡，是否可以这样使用？为什么？

任务1.2 电阻、电感、电容的认知

任务内容

掌握电阻、电感器、电容器等元件标号及图形符号；能够进行物理量的单位换算；掌握决定元件电阻大小的几个因素及表达式；理解电阻与电导的关系；掌握电阻、电感器、电容器等元件的基本功能。

1.2.1 电阻

1. 电阻概述

在金属导体中，自由电子在电场力作用下做定向运动时，与晶格中的离子发生碰撞，使自由电子运动受到阻力，即导体对电流有一定的阻力。导体对电流呈现的阻碍作用称为电阻，电阻符号如图1-11所示。

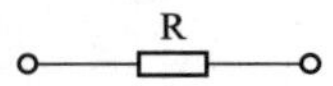

电阻的单位是欧［姆］（Ω），较大的电阻单位有千欧（kΩ）、兆欧（MΩ）。它们之间的换算关系为；$1\ M\Omega = 10^3\ k\Omega = 10^6\ \Omega$。

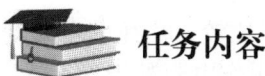

图1-11 电阻符号

同一物质对电流的阻力，主要决定于导体的长度和横截面积。截面积相同时，导体越长，电阻越大；长度相同时，截面积越大，电阻越小。所以电阻与导线长度 L 成正比，而与导线截面积 S 成反比。用公式表示为

$$R = \rho \frac{L}{S}$$

式中，ρ 为电阻率（或电阻系数），单位为欧［姆］米（$\Omega \cdot m$）。各种导电材料的电阻率是不同的，常用的材料中，电阻率最小的是银，其次是铜和铝。

2. 电导

电阻的倒数称为电导，导体的电阻越大，电导越小。电导是表示材料导电能力的参数，用符号 G 表示。即

$$G = \frac{1}{R}$$

电导的单位称为西［门子］，用符号 S 表示。

【例1-5】 如有一导体的电阻是 100 Ω，求该导体的电导。

解：该导线的电导为

$$G = \frac{1}{R} = \frac{1}{100} = 0.01(S)$$

3. 电阻与温度的关系

导体的电阻随温度而变化，变化的原因有两个：

一是当导体的温度升高时，导体内自由电子在定向运动过程中与晶格点阵的碰撞次数增多，而平均速度降低，即电阻增大而电流减小，因此导体的电阻随温度升高而增加。例如，金属导体的电阻，基本上是随温度的升高而增加的。

二是当导体的温度升高时，某些材料参与导电的载流子浓度增加，使电流增大，电阻减小。因此这类导体的电阻随温度升高而降低。例如，电解液和碳素材料的电阻，基本上是随温度升高而降低的。

还有某些导体如康铜、锰铜、镍铬合金等，它们的电阻几乎不随温度变化。

由上述可知，温度变化对不同导体电阻的影响是不同的。为了便于比较，往往取当温度变化为 1 K 时，导体电阻的变化数值作为比较的标准，这个变化数值叫作电阻的温度系数，一般用字母 "a_r" 表示。电阻温度系数 a_r 表示温度增加 1 K 时，电阻的相对增量，单位为 K^{-1}。

1.2.2 电感

电感器作为储能元件能够储存磁场能量，其电路模型如图 1-12。从图 1-12 中可以看出，电感器通常是将导线绕在一个铁芯上制作而成的一个电感线圈（如图 1-13 所示）。

线圈的匝数与穿过线圈的磁通之积为 $N\Phi$，称为磁链。

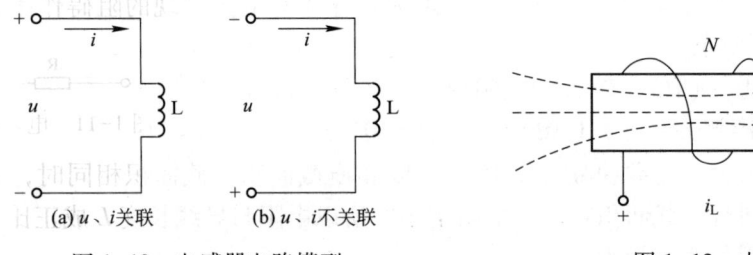

图 1-12 电感器电路模型　　　　图 1-13 电感线圈

当电感器为线性电感器时，电感器的特性方程为

$$N\Phi = Li$$

式中，L 为元件的电感系数，简称电感，是一个与电感器本身有关，与电感器的磁通、电流无关的常数，又叫作自感，在国际单位制中，其单位为亨［利］（H），有时也用毫亨（mH）、微亨（μH），1 mH = 10^{-3} H，1 μH = 10^{-6} H，磁通（Φ）的单位是韦［伯］（Wb）。

当通过电感器的电流发生变化时，电感器中的磁通也发生变化，根据电磁感应定律，在线圈两端将产生感应电压，设电压与电流关联时，电感线圈两端将产生感应电压。线性电感的电压 u_L 与电流 i 对时间 t 的变化率 $\dfrac{di}{dt}$ 成正比，即

$$u_L = L\dfrac{di}{dt}$$

在一定的时间内，电流变化越快，感应电压越大；电流变化越慢，感应电压越小；若电流变化为零时（即直流电流），则感应电压为零，电感器相当于短路。

当流过电感元件的电流为 i 时，它所储存的能量为

$$W_L = \dfrac{1}{2}Li^2$$

从上式中可以看出，电感器在某一时的储能仅与当时的电流值有关。

1.2.3 电容

电容器作为储能元件能够储存电场能量，其电路模型如图 1-14 所示。

当电容为线性电容时，电容元件的特性方程为

$$q = Cu$$

式中，C 为元件的电容，是一个与电容器本身有关，与电容器两端的电压、电流无关的常数，在国际单位制（SI）中，其单位为法［拉］（F），常用单位还有微法（μF）、纳法（nF）、皮法（pF）等，其换算关系为

$1\ \mu F = 10^{-6}\ F,\ 1\ nF = 10^{-9}\ F,\ 1\ pF = 10^{-12}\ F$

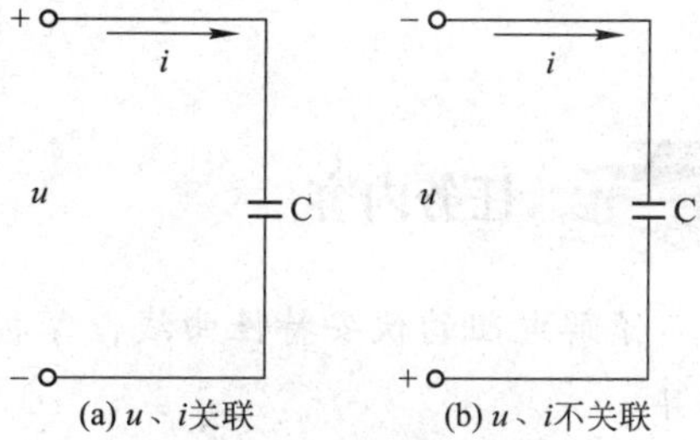

图 1-14 电容器电路模型
(a) u、i 关联　　(b) u、i 不关联

如前述可知，电容的电荷量随电容的两端电压变化而变化，由于电荷量的变化，电容中就产生了电流，则

$$i_C = \frac{dq}{dt} \quad （设\ u、i\ 关联）$$

i_C 是电容由于电荷的变化而产生的电流，将 i_C 代入上式中

$$i_C = C\frac{du}{dt}$$

上式表示线性电容的电流和端电压与时间的变化率成正比。

当 $\dfrac{du}{dt} = 0$ 时，则 $i_C = 0$，说明电容器两端的电压恒定不变，通过电容器的电流为零，电容器处于开路状态。故电容器对直流电路来说相当于开路。

电容所储存的电场能为

$$W_C = \frac{1}{2}Cu^2$$

 习题

1. 电阻大小由哪几方面决定？
2. 简述电阻与温度的关系。
3. 什么是电导？它与电阻有什么关系？

任务1.3 欧姆定律的认知

任务内容

了解电阻的伏安特性曲线,掌握线性电阻与非线性电阻的区别,学会运用欧姆定律进行计算。

1.3.1 电阻的电流、电压关系特性

将电阻两端电压与通过电阻电流的关系用图形表示,在电阻为恒定值时的伏安特性曲线如图1-15所示(注意:电阻越小,这条直线越陡)。

1.3.2 线性电阻和非线性电阻

线性电阻电压、电流特性如图1-16(a)所示,电阻是常数;非线性电阻电压、电流特性如图1-16(b)所示,电阻不是常数。

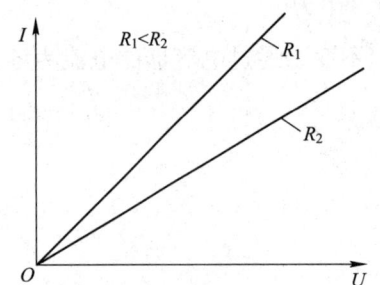

图1-15 电阻恒定值时的伏安特性曲线

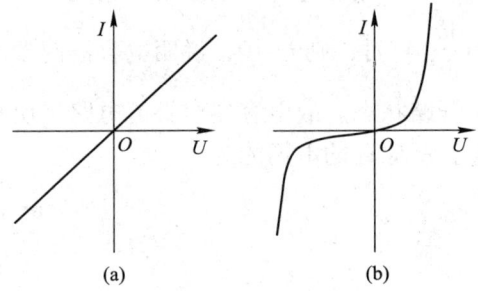

图1-16 电阻的电流、电压特性

1.3.3 欧姆定律

1. 相关基本概念

(1)内电路:电源本身的电流通路。
(2)内阻:内电路的电阻。
(3)外电路:电源以外的电流通路。
(4)全电路:内电路和外电路的总称,图1-17所示为全电路。

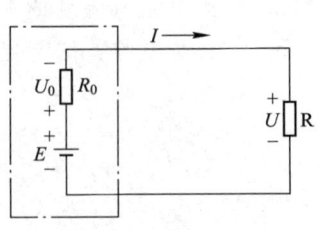

图1-17 全电路

2. 部分电路欧姆定律

部分电路欧姆定律用来分析通过电阻的电流与端电压的关系。

如图1-18所示,当电阻 R 一定时,加在电阻两端的电压越大,电流也越大,因此通过电阻的电流与电阻两端的电压成正比,即

$$I = \frac{U}{R}$$

3. 全电路欧姆定律

全电路欧姆定律用来分析回路电流与电源电动势的关系。在闭合电路中,除负载电阻 R_L、电源内阻 R_0 外,还有导线电阻 R_d,如图1-19(a)所示。当导线较长时,导线电阻与负载电阻和电源内阻相比,就不能忽略不计了,回路电流与回路总电阻的关系为

$$R_z = R_d + R_L + R_0$$

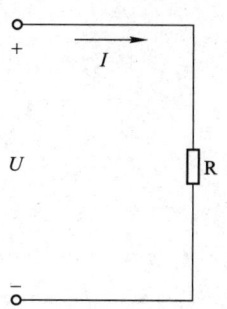

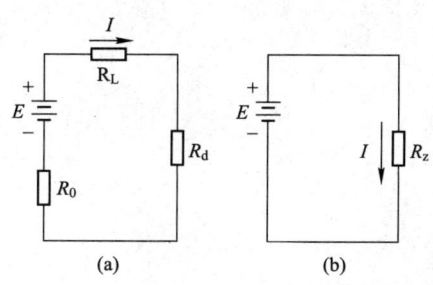

图1-18 部分电路欧姆定律　　　　图1-19 全电路欧姆定律

回路电流 I 与电源电动势及总电阻的关系,可表示为

$$I = \frac{E}{R_z} = \frac{E}{R_d + R_L + R_0}$$

上式表明,在闭合回路中,电流的大小与电源的电动势成正比,而与整个电路的电阻成反比,这就是全电路欧姆定律。

【例1-6】 电源的内电阻是 $0.2\ \Omega$,要想使离电源装置 500 m 远的工厂得到 220 V 的电压,工厂里需要用的电流是 80 A,铜导线的横截面积是 90 mm²,铜的电阻系数 $\rho = 0.017\ 5\ \Omega \cdot m$,求发电机的电动势是多少?

解: 输电线的电阻　$R_d = \rho \dfrac{L}{S} = 0.017\ 5 \times \dfrac{500 \times 2}{90} = 0.19\ (\Omega)$

工厂负载电阻　$R_L = \dfrac{U}{I} = \dfrac{220}{80} = 2.75\ (\Omega)$

外电路总电阻　$R_z = R_d + R_L = 0.19 + 2.75 = 2.94\ (\Omega)$

发电机电动势
$$E = I(R_z + R_0) = 80 \times (2.94 + 0.2) = 80 \times 3.14 = 251.2(V)$$

 习题

1. 如图1-20所示,电路可以用来测试电源的电动势和内阻。已知 $R_1 = 2\ \Omega$,$R_2 = 4.5\ \Omega$。当只有开关 S_1 闭合时,安培表读数为 2 A;当只有开关 S_2 闭合时,安培表读数为 1 A。试求电源的电动势和 R_S。

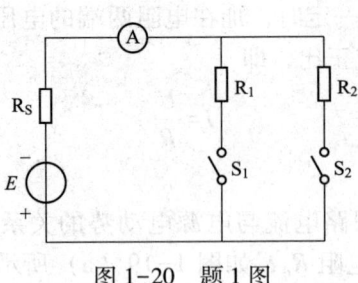

图1-20 题1图

2. 简述欧姆定律的内容。
3. 请绘制线性电阻与非线性电阻的伏安特性曲线。

任务 1.4　电压源与电流源

任务内容

掌握理想电压源、理想电流源、实际电压源、实际电流源的特性，学会区别理想电源与实际电源。

1.4.1　理想电源模型

一般在电路分析中所讲的电压源和电流源都是理想化的电压源和电流源。

1. 理想电压源

理想电压源，即内阻为零，且电源两端的端电压值恒定不变（直流电压）的电源，如图 1-21 所示。

它的特点是电压的大小取决于电压源本身的特性，与流过的电流无关。流过电压源的电流大小与电压源外部电路有关，由外部负载电阻决定。因此，它被称为独立电压源。

电压为 U_S 的直流电压源的伏安特性曲线，是一条平行于横坐标的直线，如图 1-22 所示，其公式为

$$U = U_S$$

如果电压源的电压 $U_S = 0$，则此时电压源的伏安特性曲线就是横坐标，也就是相当于电压源短路。

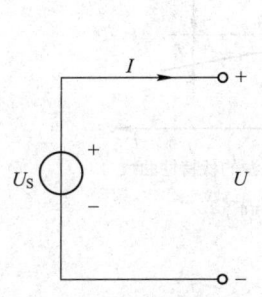
图 1-21　理想电压源
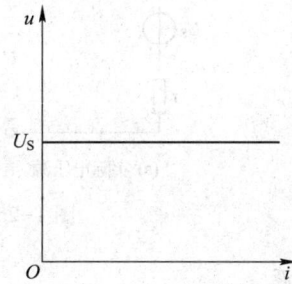
图 1-22　直流电压源的伏安特性曲线

可见，它对外供电电压稳定不变，对外供电电流的大小取决于负载电阻 R 的大小。理想电压源不允许短路，否则电压源的输出电流为无穷大。

理想电压源实际上并不存在。当电压源内阻小到可以忽略不计时，即可视为理想电压源。

2. 理想电流源

理想电流源，即内阻为无限大，输出的电流为恒定电流的电源如图 1-23 所示。

它的特点是电流的大小取决于电流源本身的特性，与电源的端电压无关。端电压的大小与电流源外部电路有关，由外部负载电阻决定。因此，它被称为独立电流源。

电流为 I_S 的直流电流源的伏安特性曲线，是一条垂直于横坐标的直线，如图 1-24 所示，其公式为

$$I = I_S$$

如果电流源短路，流过短路线路的电流就是 I_S，而电流源的端电压为零。

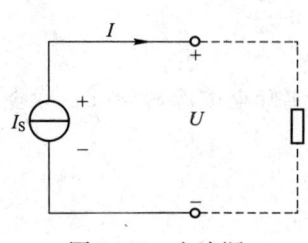

图 1-23 电流源

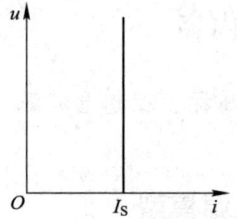

图 1-24 直流电流源的伏安特性曲线

1.4.2 实际电源的模型

1. 实际电压源

实际电压源可以用一个理想电压源 U_S 与一个理想电阻 r 串联组合成一个电路来表示，如图 1-25 (a) 所示。

$$U = U_S - I_r$$

观察图 1-25 (b) 可知，电压源的供电特性是电源的端电压随输出电流的增大而减小。电压源的内阻越小，它对外供电就越稳定，所以电压源的内阻越小越好。

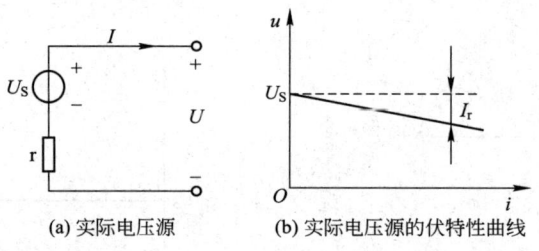

(a) 实际电压源   (b) 实际电压源的伏特性曲线

图 1-25 实际电压源模型

2. 实际电流源

实际电流源可以用一个理想电流源 I_S 与一个理想电阻 r 并联组合成一个电路来表示，如图 1-26 (a) 所示。电流源向负载 R 输出电流时（如图 1-26 (b) 所示），它输出的电流 I 与电流源的恒定电流 I_S、输出电压 U 之间的关系为

$$I = I_S - \frac{U}{r}$$

可见，电流源的供电特性是输出电流随内阻的增大而减小，所以电流源的内阻越大越好。

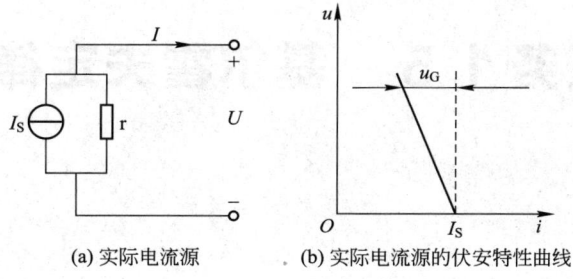

(a) 实际电流源　　　　(b) 实际电流源的伏安特性曲线

图 1-26　实际电流源模型

【例 1-7】　在图 1-25（a）中，设 $U_S=20\text{ V}$，$r=1\text{ Ω}$，外接电阻 $R=4\text{ Ω}$，求通过电阻的电流为多少？

解：根据公式

$$U=U_S-Ir=IR$$

则有

$$I=\frac{U_S}{R+r}=\frac{20}{4+1}=4\text{（A）}$$

【例 1-8】　在图 1-26（a）中，设 $I_S=5\text{ A}$，$r=1\text{ Ω}$，外接电阻 $R=9\text{ Ω}$，求电阻两端的电压为多少？

解：根据公式

$$I=I_S-\frac{U}{r}=\frac{U}{R}$$

则有

$$U=\frac{Rr}{R+r}I_S=\frac{1\times 9}{1+9}\times 5=4.5\text{（V）}$$

 习题

1. 请绘制理想电压源、理想电流源、实际电压源、实际电流源的电路模型。
2. 请分析实际电压源与理想电压源的本质区别。
3. 请分析实际电流源与理想电流源的本质区别。

任务 1.5 基尔霍夫定律认知

 **任务内容**

理解支路、节点、回路、网孔的含义，掌握基尔霍夫电压定律与基尔霍夫电流定律的内容，能够通过基尔霍夫定律进行电路计算与分析。

1.5.1 相关电路名词

1. 支路

电路中通过同一个电流的每一个分支，称为支路。在图 1-27 中有三条支路，分别是 BAF、BCD 和 BE。支路 BAF、BCD 中含有电源，称为含源支路；支路 BE 中不含电源，称为无源支路。

2. 节点

电路中 3 条或 3 条以上支路的连接点，称为节点。在图 1-27 中，B、E 均为节点。

3. 回路

电路中的任一闭合路径，称为回路。在图 1-27 中有三条回路，分别是 ABEFA、BCDEB、ABCDEFA。

4. 网孔

内部不含支路的回路，称为网孔。在图 1-27 中，ABEFA 和 BCDEB 均为网孔，而 ABCDEFA 不是网孔。

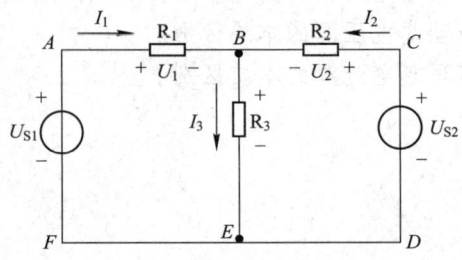

图 1-27 复杂电路

1.5.2 基尔霍夫电流定律

基尔霍夫电流定律（KCL）指出：任一时刻，流入电路中任一节点的电流之和等于流出该节点的电流之和。基尔霍夫电流定律反映了节点处各支路电流之间的关系。

在图 1-27 中，对于节点 B 可以写出

$$I_1+I_2=I_3$$

或改写为

$$I_1+I_2-I_3=0$$

即

$$\sum I = 0$$

由此,基尔霍夫电流定律也可表述为:任一时刻,流过电路中任一节点电流的代数和恒等于零。

基尔霍夫电流定律不仅适用于节点,也可推广应用到包围几个节点的闭合面(也称广义节点)。在图 1-28 中,可以把三角形 ABC 看作广义的节点,用 KCL 可列出

$$I_A+I_B+I_C=0$$

即

$$\sum I = 0$$

可见,在任一时刻,流过任一闭合面电流的代数和恒等于零。

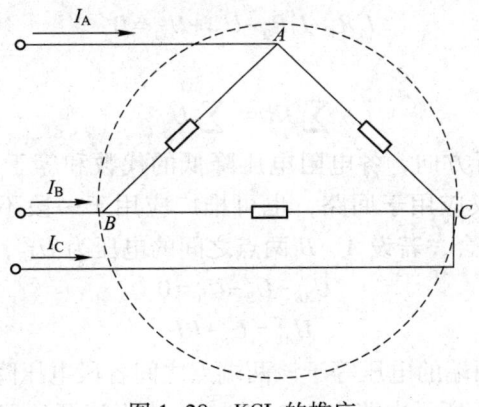

图 1-28　KCL 的推广

【例 1-9】　如图 1-29 所示,电流的参考方向已标明。若已知 $I_1=2$ A,$I_2=-4$ A,$I_3=-8$ A,试求 I_4。

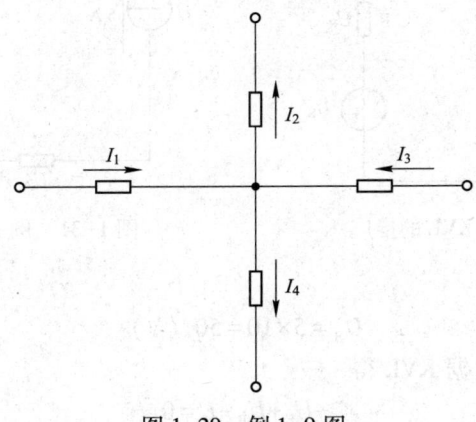

图 1-29　例 1-9 图

解：根据 KCL 可得

$$I_1 - I_2 + I_3 - I_4 = 0$$
$$I_4 = I_1 - I_2 + I_3 = 2 - (-4) + (-8) = -2(\text{A})$$

1.5.3 基尔霍夫电压定律

基尔霍夫电压定律（KVL）指出：在任何时刻，沿电路中任一闭合回路，各段电压的代数和恒等于零。基尔霍夫电压定律一般表达式为

$$\sum U = 0$$

应用上式列电压方程时，首先假定回路的绕行方向，然后选择各部分电压的参考方向，凡参考方向与回路绕行方向一致者，该电压取正值；凡参考方向与回路绕行方向相反者，该电压取负值。

在图 1-28 中，对于回路 *ABCDEFA*，若按顺时针绕行方向，根据 KVL 可得

$$U_1 - U_2 + U_{S2} - U_{S1} = 0$$

根据欧姆定律，上式还可表示为

$$I_1 R_1 - I_2 R_2 - U_{S2} + U_{S1} = 0$$

即

$$\sum IR = \sum U_S$$

上式表示，沿回路绕行方向，各电阻电压降低的代数和等于各电源电动势升高的代数和。基尔霍夫电压定律不仅应用于回路，也可推广应用于一段不闭合电路。如图 1-30 所示。电路中 *A*、*B* 两端未闭合，若设 *A*、*B* 两点之间的电压为 U_{AB}，按逆时针绕行方向可得

$$U_{AB} - U_S - U_R = 0$$

则

$$U_{AB} = U_S + RI$$

上式表明，开口电路两端的电压等于该两端点之间各段电压降之和。

【例 1-10】 如图 1-31 所示电路中，$R = 10\ \Omega$，求电流源的端电压。

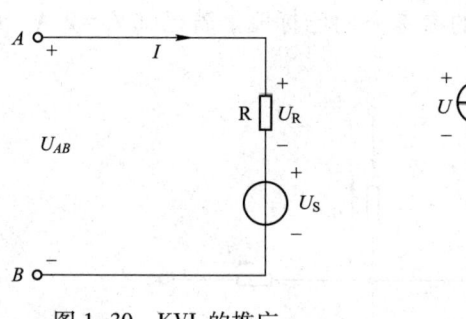

图 1-30 KVL 的推广

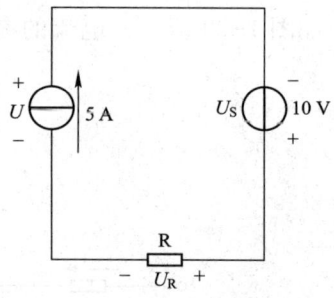

图 1-31 例 1-10 图

解：按图示方向得

$$U_R = 5 \times 10 = 50\ (\text{V})$$

按顺时针绕行方向，根据 KVL 得

$$-U_S + U_R - U = 0$$
$$U = -U_S + U_R = -10 + 50 = 40\ (\text{V})$$

【例1-11】 在图1-32中,已知 $R_1=4\,\Omega$, $R_2=6\,\Omega$, $U_{S1}=10\,V$, $U_{S2}=20\,V$,试求 U_{AC}。

解:由 KVL 得

$$IR_1+U_{S2}+IR_2-U_{S1}=0$$

$$I=\frac{U_{S1}-U_{S2}}{R_1+R_2}=\frac{-10}{10}=-1\,(A)$$

由 KVL 的推广形式得

$$U_{AC}=IR_1+U_{S2}=-4+20=16\,(V)$$

或

$$U_{AC}=U_{S1}-IR_2=10-(-6)=16\,(V)$$

由本例可见,电路中某段电压和路径无关。因此,计算时应尽量选择较短的路径。

【例1-12】 求图1-33所示电路中的 U_2、I_2、R_1、R_2 及 U_S。

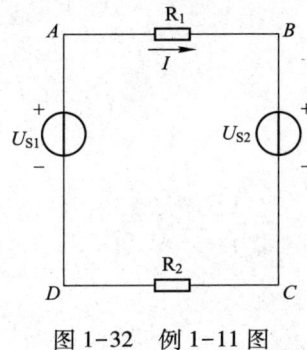

图 1-32 例 1-11 图

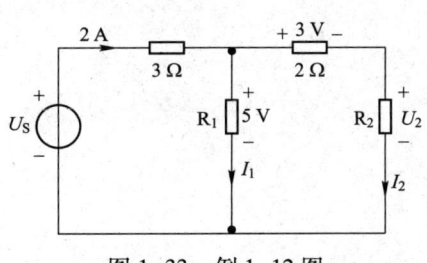

图 1-33 例 1-12 图

$$I_2=\frac{3}{2}=1.5\,(A)$$

解:
由 KVL 可得

$$U_2-5+3=0$$

$$U_2=2\,(V)$$

$$R_2=\frac{U_2}{I_2}=\frac{2}{1.5}=1.33\,(\Omega)$$

由 KCL 可得

$$I_1+I_2=2\,(A)$$

$$I_1=2-1.5=0.5\,(A)$$

$$R_1=\frac{5}{0.5}=10\,(\Omega)$$

对于左边的网孔,由 KVL 可得

$$3\times2+5-U_S=0$$

$$U_S=11\,(V)$$

习题

1. 简述基尔霍夫电压定律与基尔霍夫电流定律的含义。
2. 在下图中,已知 $I_1=0.1$ A,$I_2=3$ A,$I_5=9.6$ A,试求电流 I_3、I_4 和 I_6。

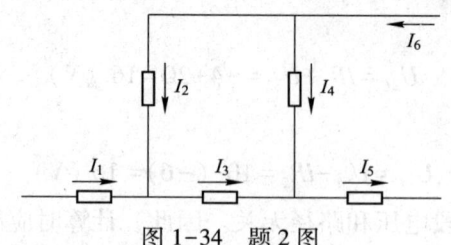

图 1-34 题 2 图

项目2　直流电路分析

项目描述

直流电路分析是铁路电工电子技术中最先需要掌握的复杂电路分析方法,通过项目1的学习,已经对基本元件的性能、符号、基本电学参数,以及电路的特点有了认识。为了能进一步对各类电路进行更加详细分析,更加直观地理解电路的运行机理,本项目将介绍如何进行直流电路分析。

教学目标

【能力目标】
1. 能够快速识别基本电路连接方式。
2. 具备利用各类直流电路分析方法进行计算的能力。
3. 学会探究学习,具备自主探究学习的能力。

【知识目标】
1. 明确串联、并联两种连接方式的特点。
2. 掌握电路中电压源与电流源的等效变换方式。
3. 掌握支路电流法、网孔电流法的运用步骤。
4. 学会叠加定理、戴维南定理的具体含义及应用。

【素质目标】
1. 形成自主探究学习的意识。
2. 形成团队合作的意识。

任务 2.1 电阻元件连接

任务内容

掌握串联电路、并联电路的特点，能够通过电路分析进行串联、并联电路的有关计算。

2.1.1 电阻的串联

1. 串联电路的含义

把多个元件逐个顺次连接起来，就组成了串联电路。两个或两个以上的电阻依次连接，组成一条无分支电路，这样的连接方式叫作电阻的串联，如图 2-1 所示。

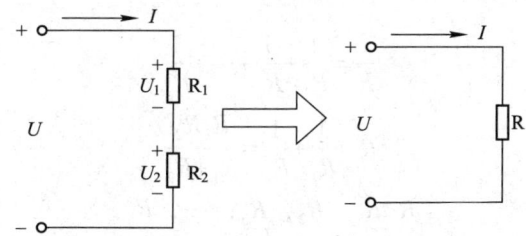

图 2-1 电阻的串联

2. 串联电路的特点

（1）等效电阻，即

$$R = R_1 + R_2 + R_3 + \cdots + R_n$$
$$R > R_1, R_2, R_3, \cdots, R_n$$

当 $R_1 \gg R_2, R_3, \cdots, R_n$ 时，$R \approx R_1$（大）。

（2）流经各电阻的电流相等。

（3）串联电路中总电压等于各电阻上电压之和，即

$$U = U_1 + U_2 + U_3 + \cdots + U_n$$

（4）分压关系为

$$\frac{U_1}{R_1} = \frac{U_2}{R_2} = \cdots = \frac{U_n}{R_n} = \frac{U}{R} = I$$

当两只电阻 R_1、R_2 串联时，总电阻 $R = R_1 + R_2$，则有分压公式

$$U_1 = \frac{R_1}{R_1 + R_2} U, \quad U_2 = \frac{R_2}{R_1 + R_2} U$$

2.1.2 电阻的并联

1. 并联电路的含义

把多个元件并列地连接起来，由同一电压供电，就组成了并联电路。两个或两个以上的电阻接在电路中相同的两点之间，承受同一电压，这样的连接方式叫作电阻的并联，如图2-2所示。

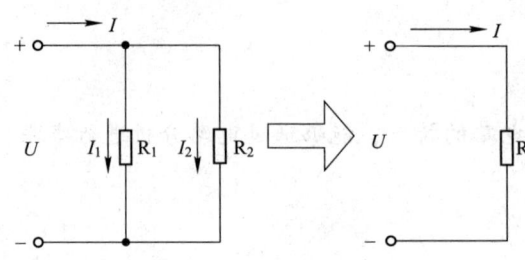

图2-2 电阻的并联

2. 并联电路的特点

（1）等效电阻，即

$$\frac{1}{R}=\frac{1}{R_1}+\frac{1}{R_2}+\cdots+\frac{1}{R_n}$$

当只有两电阻并联时

$$R=\frac{1}{\frac{1}{R_1}+\frac{1}{R_2}}=\frac{R_1 R_2}{R_1+R_2}$$

$$R<R_1, R_2, R_3, \cdots, R_n$$

当 $R_1 \ll R_2, R_3, \cdots, R_n$ 时，$R \approx R_1$（小）。

（2）各电阻上的电压相等。

（3）并联电路的总电流等于流经各电阻的电流之和，即

$$I=I_1+I_2+I_3+\cdots+I_n$$

（4）当只有两电阻并联时分流公式为

$$I_1=\frac{R_2}{R_1+R_2}I, \quad I_2=\frac{R_1}{R_1+R_2}I$$

【例2-1】 在图2-3所示的并联电路中，求等效电阻 R_{AB}、总电流 I、各负载电阻上的电压、各负载电阻中的电流。

解：等效电阻

$$R_{AB}=\frac{R_1 R_2}{R_1+R_2}=\frac{6\times 3}{6+3}=2 \text{ （Ω）}$$

总电流

$$I=\frac{U}{R_{AB}}=\frac{12}{2}=6 \text{ （A）}$$

各负载上的电压为

$$U_1=U_2=U=12 \text{ （V）}$$

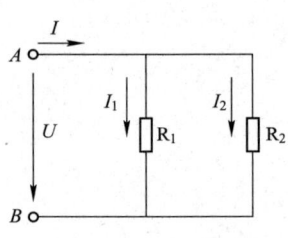

图2-3 例2-1图

各负载上的电流为

$$I_1 = \frac{R_2 I}{R_1+R_2} = \frac{3\times 6}{6+3} = 2 \text{ (A)}$$

$$I_2 = I - I_1 = 6 - 2 = 4 \text{ (A)}$$

2.1.3 电阻的混联

既有串联又有并联的电路称为混联。混联电路形式多种多样,但可以利用电阻串联、并联关系进行逐步化简。

【例 2-2】 在图 2-4 中,已知 $R_1 = R_2 = R_3 = R_4 = R_5 = 1\ \Omega$,求等效电阻 R_{ab}。

解:

$$\begin{aligned}
R_{ab} &= [(R_3+R_4) /\!/ R_5 + R_2] /\!/ R_1 \\
&= [(1+1) /\!/ 1 + 1] /\!/ 1 \\
&= [2 /\!/ 1 + 1] /\!/ 1 \\
&= \left[\frac{2}{3} + 1\right] /\!/ 1 \\
&= \frac{5}{3} /\!/ 1 \\
&= \frac{5}{8} (\Omega)
\end{aligned}$$

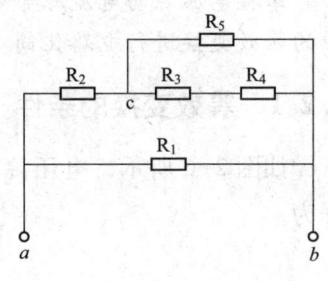

图 2-4 例 2-2 图

 习题

1. 请分析当电路中的电阻并联时,总电阻与最小电阻的关系。
2. 多个电阻串联时,各电阻分得的电压值有什么规律?
3. 在图 2-5 中的电路中,已知 $R_1 = 3\ \Omega$,$R_2 = 5\ \Omega$,$R_3 = 2\ \Omega$,$R_4 = 2\ \Omega$,求电阻 R_2 上的电压。

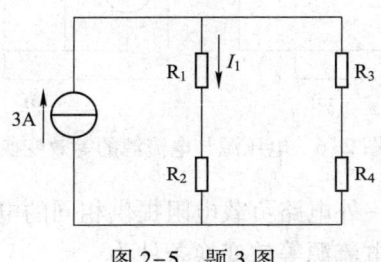

图 2-5 题 3 图

任务 2.2 电源的等效变换

任务内容

掌握电压源与电流源等效变换的条件，学会电压源串联与电流源并联的方法，会运用电源的等效变换进行电路化简。

2.2.1 等效变换的条件

如图 2-6 所示，电压源和电流源向同一负载 R_L 供电，图 2-6（a）的电压源特性方程为

$$U = U_S - R_S I$$

即

$$I = \frac{U_S}{R_S} - \frac{U}{R_S}$$

图 2-6（b）的电流源的特性方程为

$$I = I_S - \frac{U}{R'_S}$$

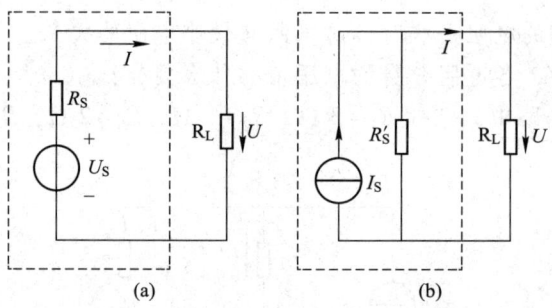

图 2-6 电压源与电流源的等效变换

如果电压源和电流源向同一外电路负载电阻提供相同的电压和电流，那么两电源互为等效。综上所述，可得电压源与电流源等效变换条件为

$$I_S = \frac{U_S}{R_S} \quad U_S = I_S R_S \quad R_S = R'_S$$

也就是说，电压源与电流源等效需要满足：①电流源的恒定电流等于电压源的短路电流；②电压源和电流源的内阻相等；③电压源的电动势的方向与电流源恒定电流的方向必须保持一致。

2.2.2 互为等效变换

互为等效变换遵循以下原则：

(1) 电压源串联模型等效变换为电流源并联模型时，$I_S = \dfrac{U_S}{R_S}$，$R'_S = R_S$，电流源的方向与电压源保持一致。

(2) 电流源并联模型等效变换为电压源串联模型时，$U_S = I_S R_S$，$R_S = R'_S$，电压源的正向与电流的方向相同。

2.2.3 其他等效变换

其他等效变换遵循以下原则：

(1) 与电压源并联的元件对外不起作用，等效为电压源本身。
(2) 与电流源串联的元件对外不起作用，等效为电流源本身。
(3) 电压源串联（如图 2-7 所示）时，等效电压源的电压为

$$U_S = U_{S1} + U_{S2} - U_{S3}$$

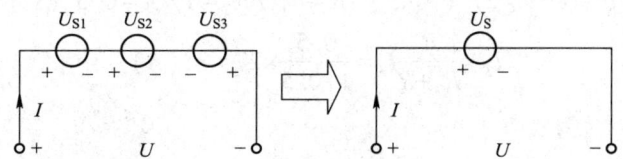

图 2-7　电压源串联（注意电源的极性）

(4) 电流源的并联（如图 2-8 所示）时，等效电流源的电流为

$$I_S = I_{S1} + I_{S2} \text{（注意电流源的极性）}$$

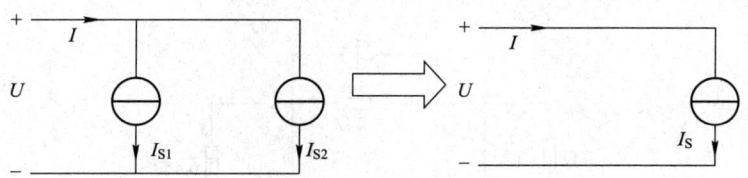

图 2-8　电压源并联

【例 2-3】 将图 2-9 所示的电压源等效变换为电流源。

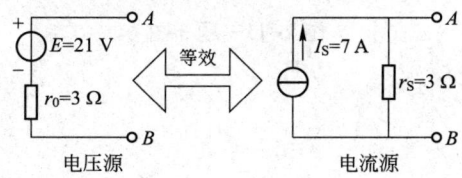

图 2-9　例 2-3 图

解： 所求等效电流源为

$$I_S = \frac{E}{r_0} = \frac{21}{3} = 7 \text{ (A)}, \quad r_0 = r_S = 3 \text{ (}\Omega\text{)}$$

I_S的方向与E方向一致，即从B指向A，如图2-9所示。

用电压源和电流源的等效变换可以求解复杂的电路。其优点是不用求解方程组，缺点是电压源和电流源的等效变换过程中一般要画较多的等效电路图。

【例2-4】 如图2-10所示电路中，$E_1 = 18$ V，$E_2 = 9$ V，$R_1 = R_2 = 1$ Ω，$R_3 = 4$ Ω，试用电源变换的方法求电路中通过R_3的电流I_3。

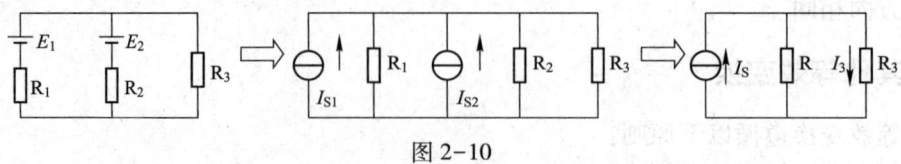

图2-10

解：将电压源等效变换如图2-10所示。

$$I_{S1} = \frac{E_1}{R_1} = \frac{18}{1} = 18 \text{ (A)}, \quad I_{S2} = \frac{E_2}{R_2} = \frac{9}{1} = 9 \text{ (A)}$$

$$I_S = 18 + 9 = 27 \text{ (A)}, \quad R = R_1 /\!/ R_2 = 1 /\!/ 1 = 0.5 \text{ (}\Omega\text{)}$$

$$I_3 = \frac{R}{R_3 + R} I_S = \frac{0.5}{4 + 0.5} \times 27 = 3 \text{ (A)}$$

 习题

1. 如何进行电源的等效变换？
2. 请绘制电源等效变换电路图。
3. 试用等效变换的方法，求图2-11所示电路中的I。

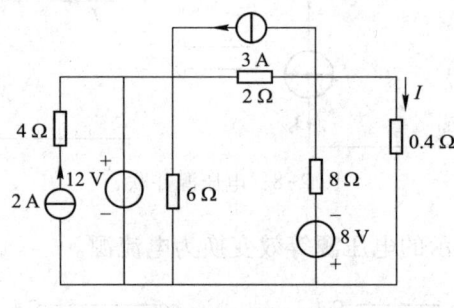

图2-11 题3图

任务 2.3 支路电流法

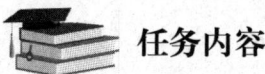 任务内容

掌握支路电流法的含义，学会支路电流法求解电路中电流的步骤。

凡不能用电阻串并联等效变换化简的电路，一般称为复杂电路。对于复杂电路可以用 KCL 和 KVL 推导出各种分析方法，支路电流法就是其中之一。

2.3.1 支路电流法的定义

支路电流法是最基本的分析方法。它是以支路电流为求解对象，应用基尔霍夫电流定律和基尔霍夫电压定律分别对节点和回路列出所需要的方程组，然后求解各未知的支路电流。

2.3.2 支路电流法求解电路中电流的步骤

（1）任意标定各支路电流的参考方向和网孔绕行方向。

（2）用基尔霍夫电流定律列出节点电流方程。有 n 个节点，就可以列出 $n-1$ 个独立电流方程。

（3）用基尔霍夫电压定律列出 $L=b-(n-1)$ 个网孔方程。

说明：L 指的是网孔数，b 指的是支路数，n 指的是节点数。

（4）代入已知数据求解方程组，确定各支路电流及方向。

2.3.3 应用举例

图 2-12 中支路数为 3，有三个未知数，所以列三个独立方程求解。

（1）列方程之前，确定电流的参考方向和回路的绕行方向。

（2）分别应用 KCL 和 KVL 列出电流方程和电压方程。

本电路中节点数 $n=2$，可列节点电流方程 $n-1=2-1=1$（个）。

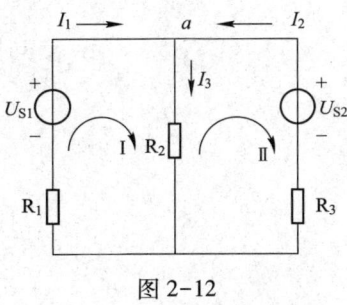

图 2-12

对 a 节点有：$\quad\quad\quad\quad I_1+I_2-I_3=0$

对网孔 I 据 KVL 有：$\quad I_1R_1+I_3R_3-U_{S1}=0$

对网孔 II 据 KVL 有：$\quad U_{S2}-I_2R_2-I_3R_3=0$

联立所列方程，可求得各支路电流。

【例 2-5】 如图 2-13 所示，两台发电机并联运行共同向负载 R_L 供电。已知 $E_1=130\text{ V}$，$E_2=117\text{ V}$，$R_1=1\ \Omega$，$R_2=0.6\ \Omega$，$R_L=24\ \Omega$，求各支路的电流及发电机两端的电压。

解：①各支路电流参考方向如图 2-13 所示，回路绕行方向均为顺时针方向。

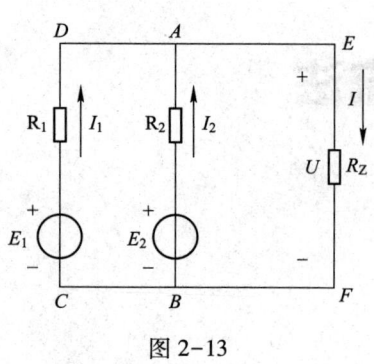

图 2-13

② 列出 KCL 方程。

节点 A $I_1+I_2=I$

③ 列出 KVL 方程。

$ABCDA$ 回路 $E_1-E_2=R_1I_1-R_2I_2$

$AEFBA$ 回路： $E_2=R_2I_2+R_LI$

基尔霍夫定律方程组为

$$\begin{cases} I_1+I_2=I \\ E_1-E_2=R_1I_1-R_2I_2 \\ E_2=R_2I_2+R_LI \end{cases}$$

将数据代入各式后得

$$\begin{cases} I_1+I_2=1 \\ 130-117=I_1-0.6I_2 \\ 117=0.6I_2+24I \end{cases}$$

解此联立方程组得

$$I_1=10\text{ A} \qquad I_2=-5\text{ A} \qquad I=5\text{ A}$$

电机两端电压 U 为

$$U=R_LI=24\times5=120\text{ (V)}$$

习题

1. 简述用支路电流法求解电路中通过电流的步骤。
2. 在图 2-14 中，$U_1=2$ V，$U_2=8$ V，$R_1=R_2=2$ Ω，$R_3=4$ Ω，请应用支路电流法求解 I_1、I_2、I_3。

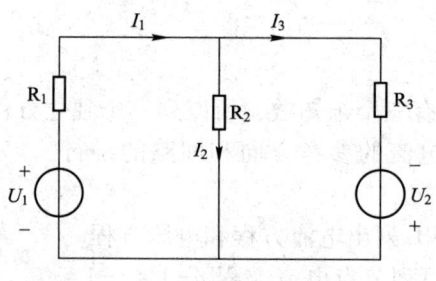

图 2-14   题 2 图

任务 2.4 网孔电流法

掌握网孔电流法的公式,学会通过网孔电流法进行电路分析,能用网孔电流法进行计算,理解自电阻、互电阻、电压源的含义。

2.4.1 网孔电流法的推导

网孔电流法是以网孔电流为未知量,利用基尔霍夫定律列出网孔的电压方程,求解网孔电流,再根据电路要求求出其他待求量。一般选取网孔的绕行方向为网孔电流的方向。根据图 2-15 所示电路及网孔绕行方向,列出网孔的电压方程为

网孔 1
$$R_1 I_{m1} + R_3 I_{m1} - R_3 I_{m2} - U_{S1} = 0$$

网孔 2
$$R_2 I_{m2} + R_3 I_{m2} - R_3 I_{m1} + U_{S2} = 0$$

整理可得
$$(R_1 + R_3) I_{m1} - R_3 I_{m2} - U_{S1} = 0$$
$$-R_3 I_{m1} + (R_2 + R_3) I_{m2} + U_{S2} = 0$$

可进一步写成二网孔电流公式
$$R_{11} I_{m1} + R_{12} I_{m2} = U_{S11}$$
$$R_{21} I_{m1} + R_{22} I_{m2} = U_{S22}$$

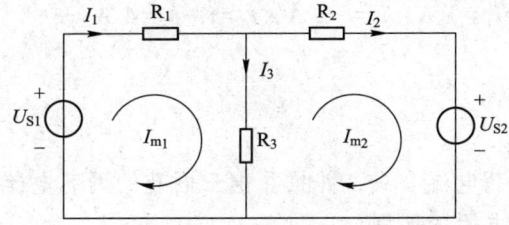

图 2-15 网孔电流电路

2.4.2 公式分析

1. 自电阻

二网孔电流公式是具有两个网孔电路的网孔电流方程的一般形式。其中,R_{11},R_{22} 分别代表两个网孔的自电阻。自电阻为两个网孔中所有电阻之和,这里 $R_{11} = R_1 + R_3$,$R_{22} = R_2 +$

R_3，由于网孔绕行方向与网孔电流参考方向一致，所以自电阻总是正的。

2. 互电阻

R_{12} 和 R_{21} 表示两个网孔的公共电阻，称为互电阻，当流过互电阻的两个网孔电流参考方向一致时，互电阻为正，相反时为负。这里的 $R_{12}=R_{21}=-R_3$。

3. 电压源

U_{S11} 和 U_{S22} 为网孔中理想电压源代数和。当网孔电流从理想电压源"+"端流出时，该理想电压源取正号，从"-"端流出时取负号。

2.4.3 网孔电流法的解题步骤

综上分析，采用网孔电流法解题时步骤如下：

（1）标出各网孔电流的参考方向和网孔序号。

（2）列写 $b-(n-1)$ 个独立的网孔电流方程。

（3）联立求解方程，求得各网孔电流。

（4）根据支路电流的参考方向及支路电流与相关网孔电流的关系求各支路电流。

【例 2-6】 用网孔电流法求如图 2-16 所示中电路各支路电流。

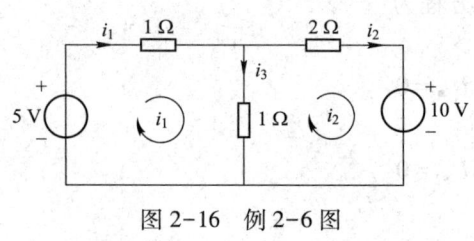

图 2-16 例 2-6 图

解：

① 选定两个网孔电流 i_1 和 i_2 的参考方向，如图 2-16 所示。

② 用观察电路的方法直接列出网孔方程

$$\begin{cases}(1+1)i_1-(1)i_2=5\ (V)\\-1i_1+(1+2)i_2=-10\ (V)\end{cases}$$

③ 解得

$$\begin{cases}2i_1-i_2=5\ (A)\\-i_1+3i_2=-10\ (A)\end{cases}$$

$$\begin{cases}i_1=1\ (A)\\i_2=-3\ (A)\end{cases}$$

④ 各支路电流分别为 $i_1=1$ A，$i_2=-3$ A，$i_3=i_1-i_2=4$ A。

 习题

1. 请写出二网孔的网孔电流公式，并推导出三网孔的网孔电流公式。
2. 请写出自电阻与互电阻的区别。
3. 请写出网孔电流法的解题步骤。

任务 2.5 叠加定理

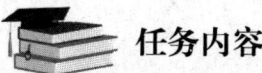

了解叠加定理的使用范围，掌握除源的具体做法，学会利用叠加定理对电路进行化简。

2.5.1 叠加定理的适用范围

叠加定理和之前学习的几种方法有很大的不同，它仅用于线性电路的求解，主要用于计算线性电路中多个电源作用下的支路电流或支路电压。线性电路具有叠加性，它的各支路电流或支路电压是各独立电源单独作用时该支路产生的电流分量或电压分量的代数和（叠加）。

2.5.2 叠加定理的含义

叠加定理是指在线性电路中，有几个独立电源共同作用时，每一个支路中的电流或电压，等于各个独立电源单独作用时在该支路中所产生的电流或电压的代数和（叠加）。

电路中一个电源单独作用时，应将其余电源进行"零值"处理，即除源。具体做法为：将理想电压源短接（$U_S=0$），将理想电流源开路（$I_S=0$），但它们的内阻仍保留。

$$\begin{cases}理想电压源不作用—电压为零—短路\\理想电流源不作用—电流为零—开路\end{cases}$$

2.5.3 叠加定理的应用

利用叠加定理可以将一个复杂电路分为几个比较简单的电路，然后对这些比较简单的电路进行分析计算，再把结果叠加，就可以求出原有电路中的电压、电流，避免了对联立方程的求解。

【例 2-7】 在图 2-17（a）所示电路中，应用叠加原理求 2 Ω 电阻通过的电流 I。

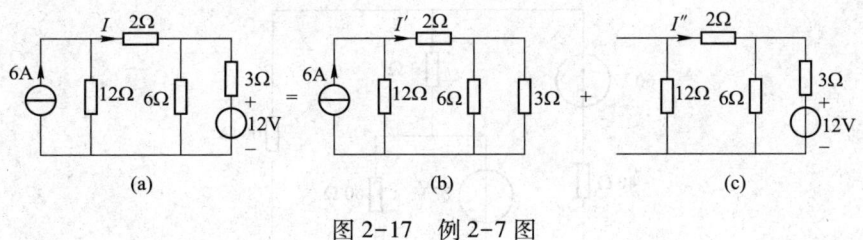

图 2-17 例 2-7 图

解：① 当电流源单独作用时，电压源不作用，将其短路，如图 2-17（b）所示。

$$I' = \frac{12}{12+2+\frac{6\times 3}{6+3}} \times 6 = 4.5 \text{ (A)}$$

② 当电压源单独作用时，电流源不作用，将其开路，如图 2-13（c）所示。

$$I'' = \frac{12}{3+\frac{6\times(2+12)}{6+2+12}} \times \frac{6}{6+2+12} = 0.5 \text{ (A)}$$

③ 叠加：

$$I = I' - I'' = 4.5 - 0.5 = 4 \text{ (A)}$$

综上应用叠加定理的步骤为：

（1）分别作出一个电源单独作用的分图（电压源不作用，短路；电流源不作用，开路；电阻不变）。

（2）按电阻串联、并联计算方法，分别计算出分图中每一支路电流或电压的大小和方向。

（3）求出各电源在各个支路中产生的电流或电压的代数和（分电流或分电压参考方向与原待求电流或电压参考方向一致时取正号，相反时取负号）。

2.5.4 叠加定理的注意事项

（1）叠加定理只适用于线性电路（电路参数不随电压、电流的变化而改变）。

（2）叠加时只将电源分别考虑，电路的结构和参数不变。暂时不予考虑的恒压源应予以短路，即 $U_S = 0$；暂时不予考虑的恒流源应予以开路，即 $I_S = 0$。

（3）解题时要标明各支路电流、电压的正方向。原电路中各电压、电流的最后结果是各分电压、分电流的代数和。

（4）叠加原理只能用于电压或电流的计算，不能用来求功率。因为功率与电流（或电压）的平方成正比，它们之间不是线性关系。

习题

1. 在运用叠加定理时，电压源与电流源应该如何处理？
2. 请分析叠加定理运用时应该注意的事项。
3. 用叠加原理求图 2-18 所示电路的电压 U。

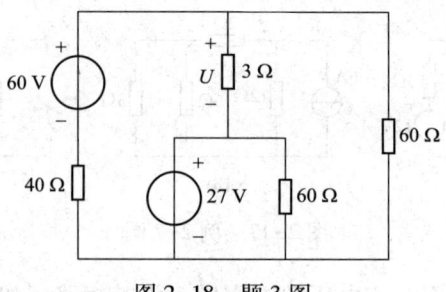

图 2-18 题 3 图

任务 2.6　戴维南定理

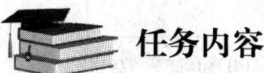

任务内容

理解二端网络的含义，掌握戴维南定理的运用方法，学会利用戴维南定理进行电路分析与计算，掌握 U_{OC} 与 R_0 的求解方法。

2.6.1　二端网络

如果电路具有两个引出端与外电路连接，而不管其内部结构如何，这样的电路叫作二端网络。在二端网络中，如果含有电源，称为有源二端网络；如果不含有电源，称为无源二端网络。

2.6.2　戴维南定理的应用

任何一个线性有源二端网络，对外电路来说，都可以用一个电压源与一个内阻串联来代替，该电压源的电压 U 等于二端网络的开路电压 U_{OC}，其内阻 R_0 等于将有源二端网络转换成无源二端网络后网络两端的等效电阻，如图 2-19 所示。

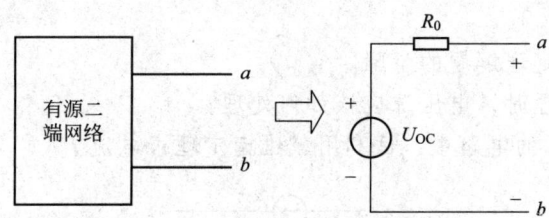

图 2-19　戴维南定理等效图

应用戴维南定理解题的步骤如下：
（1）将待求支路断开，求有源二端网络的开路电压 U_{OC}。
（2）除源（电压源短路处理，电流源断路处理），求无源二端网络的等效电阻 R_0。
（3）画出戴维南定理等效电路，并接入待求支路，求出待求量。

【例 2-8】　请用戴维南定理求图 2-20 所示电路的电流 I。

解：（1）将待求支路断开，得如图 2-20（b）所示电路，求开路电压 U_{OC}

$$U_{OC} = 2 \times 3 + \frac{6}{6+6} \times 24 = 6 + 12 = 18 \text{（V）}$$

（2）除源，得如图 2-20（c）所示的电路，求等效电阻 R_0

$$R_0 = 3 + \frac{6 \times 6}{6+6} = 3 + 3 = 6 \text{（Ω）}$$

（3）画出等效电路图，接上断开支路，得如图 2-20（d）所示电路，求 I。

$$I = \frac{18}{6+3} = 2 \text{ (A)}$$

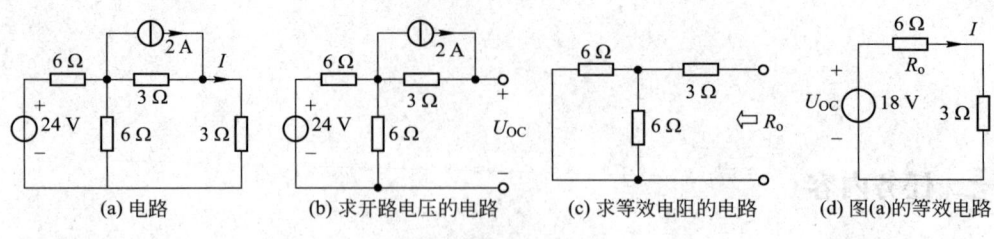

图 2-20　例 2-8 图

2.6.3　利用戴维南定理的注意事项

（1）戴维南定理只对外电路等效，对内电路不等效。也就是说，不可应用该定理求出等效电源电动势和内阻之后，又返回来求原电路（有源二端网络内部电路）的电流和功率。

（2）应用戴维南定理进行分析和计算时，如果待求支路后的有源二端网络仍为复杂电路，可再次运用戴维南定理，直至成为简单电路。

（3）戴维南定理只适用于线性的有源二端网络。如果有源二端网络中含有非线性元件时，则不能应用戴维南定理求解。

（4）戴维南定理适当应用将会大大简化电路。

 习题

1. 简述运用戴维南定理解题的步骤。
2. 在运用戴维南定理时，电压源应该如何处理？
3. 在如图 2-21 所示的电路中，试利用戴维南定理求电流 I。

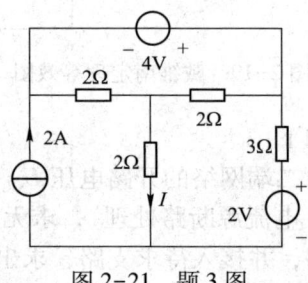

图 2-21　题 3 图

项目3　交流电路

项目描述

本章主要讨论正弦交流电的基本概念和基本表示方法,并从分析电阻、电感、电容单一参数元件在交流电路中的作用入手,分析一般的混联电路中电压和电流的关系(包括数值和相位)及功率转换问题。另外,对于电路串联和并联进行概括论述。交流电路不仅是交流电机和变压器的理论基础,同时也是学习电子电路的理论准备,所以本章内容是本课程重要的内容之一。

教学目标

【能力目标】
1. 根据单相交流电路、三相交流电路的组成原理,会连接单相、三相交流电路。
2. 能处理常见故障。
3. 学会探究学习,具备自主探究学习的能力。

【知识目标】
1. 掌握正弦交流电的三要素及三种表示法,了解正弦交流电路中相位、相位差的概念,掌握正弦量有效值的概念;掌握正弦交流电的三种分析方法。
2. 理解对称三相交流电的物理意义,掌握三相电源的两种连接方式及特点。
3. 掌握三相负载星形、三角形两种连接方式下相、线电压的关系,相、线电流的关系及中线的作用,掌握三相电路的分析方法。

【素质目标】
1. 培养接受电工术语的能力。
2. 培养自主学习新知识能力。
3. 培养制订学习计划的能力,解决实际问题的能力。

任务 3.1 交流电路的基本知识

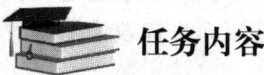

了解周期、频率、有效值、相位与相位差及交流电的表示方法。

3.1.1 正弦交流电的基本概念

随时间按正弦规律变化的电流称为正弦电流，同样地也有正弦电压。这些按正弦规律变化的物理量统称为正弦量。

设图 3-1 中通过元件的电流 i 是正弦电流，其一般表达式为

$$i(t)=I_m\sin(\omega t+\varphi)$$

它表示电流 i 是时间 t 的正弦函数，不同的时间有不同的量值，称为瞬时值，用小写字母表示。电流 i 的时间函数曲线称为波形图，如图 3-2 所示。

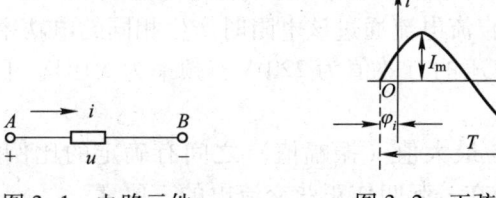

图 3-1　电路元件　　　　图 3-2　正弦电流波形图

3.1.2 正弦交流电的基本物理量

1. 周期

正弦交流电完成一次循环变化所用的时间叫作周期，用字母 T 表示，单位为秒（s）。显然正弦交流电流相邻的两个最大值（或相邻的两个最小值）之间的时间间隔为周期，由三角函数知识可知

$$T=\frac{2\pi}{\omega}$$

2. 频率

正弦交流电周期的倒数叫作频率（用符号 f 表示），即

$$f=\frac{1}{T}$$

它表示正弦交流电流在单位时间内做周期性循环变化的次数，即表征交流电交替变化的速率（快慢）。国际单位制中频率的单位是赫［兹］（Hz）。角频率与频率之间的关系为

$$\omega = 2\pi f$$

3. 有效值

在电工技术中,有时并不需要知道交流电的瞬时值,而规定一个能够表征其大小的特定值——有效值,其依据是交流电流和直流电流通过电阻时,电阻都要消耗电能(热效应)。

设正弦交流电流 $i(t)$ 在一个周期 T 的时间内,使一电阻 R 消耗的电能与另一直流电流 I 在时间 T 内使该电阻 R 消耗的电能相同,就平均对电阻做功的能力来说,这两种电流(i 与 I)是等效的,则该直流电流 I 的数值可以表示交流电流 $i(t)$ 的大小,于是把这一特定的数值 I 称为交流电流的有效值。理论与实验均可证明,正弦交流电流 i 的有效值 I 等于其振幅最大值 I_m 的 0.707 倍,即

$$I = \frac{I_m}{\sqrt{2}} = 0.707 I_m$$

正弦交流电压的有效值为

$$U = \frac{U_m}{\sqrt{2}} = 0.707 U_m$$

正弦交流电动势的有效值为

$$E = \frac{E_m}{\sqrt{2}} = 0.707 E_m$$

例如,正弦交流电流 $i = 2\sin(\omega t - 30°)$ A 的有效值 $I = 2 \times 0.707 = 1.414$(A),如果交流电流 i 通过 $R = 10\ \Omega$ 的电阻时,在一秒时间内电阻消耗的电能(又叫作平均功率)为 $P = I^2 R = 20$(W),即与 $I = 1.414$ A 的直流电流通过该电阻时产生相同的电功率。

我国工业和民用交流电源电压的有效值为 220 V、频率为 50 Hz,因而通常将这一交流电压简称为工频电压。

因为正弦交流电的有效值与最大值(振幅值)之间有确定的比例系数,所以有效值、频率、初相这三个参数也可以合在一起叫作正弦交流电的三要素。

4. 相位和相位差

任意一个正弦量 $y = A\sin(\omega t + \varphi_0)$ 的相位为 $(\omega t + \varphi_0)$,本章只涉及两个同频率正弦量的相位差(与时间 t 无关)。设第一个正弦量的初相为 φ_{01},第二个正弦量的初相为 φ_{02},则这两个正弦量的相位差为

$$\varphi_{12} = \varphi_{01} - \varphi_{02}$$

并规定

$$|\varphi_{12}| \leq 180° \quad \text{或} \quad |\varphi_{12}| \leq \pi$$

在讨论两个正弦量的相位关系时:

(1) 当 $\varphi_{12} > 0$ 时,称第一个正弦量比第二个正弦量的相位越前(或超前)φ_{12};

(2) 当 $\varphi_{12} < 0$ 时,称第一个正弦量比第二个正弦量的相位滞后(或落后)$|\varphi_{12}|$;

(3) 当 $\varphi_{12} = 0$ 时,称第一个正弦量与第二个正弦量同相,如图 3-3(a)所示;

(4) 当 $\varphi_{12} = \pm\pi$ 或 $\pm 180°$ 时,称第一个正弦量与第二个正弦量反相,如图 3-3(b)所示;

(5) 当 $\varphi_{12} = \pm\dfrac{\pi}{2}$ 或 $\pm 90°$ 时,称第一个正弦量与第二个正弦量正交。

例如，已知 $u=311\sin(314t-30°)$ V，$I=5\sin(314t+60°)$ A，则 u 与 i 的相位差为 $\varphi_{ui}=(-30°)-(+60°)=-90°$，即 u 比 i 滞后 $90°$，或 i 比 u 超前 $90°$。

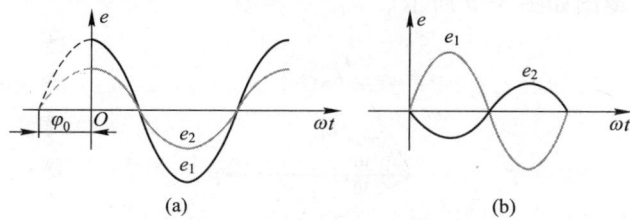

图 3-3　相位差的同相与反相波形

3.1.3　正弦交流电的表示方法

1. 解析式表示法

$i(t)=I_m\sin(\omega t+\varphi_{i_0})$

$u(t)=U_m\sin(\omega t+\varphi_{u_0})$

$e(t)=E_m\sin(\omega t+\varphi_{e_0})$

例如，已知某正弦交流电流的最大值是 2 A，频率为 100 Hz，设初相位为 $60°$，则该电流的瞬时表达式为

$$i(t)=I_m\sin(\omega t+\varphi_{i_0})=2\sin(2\pi ft+60°)=2\sin(628t+60°)\ (A)$$

2. 波形图表示法

图 3-4 给出了不同初相角的正弦交流电的波形图。

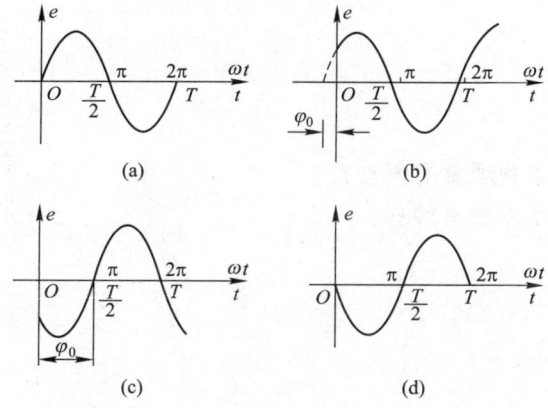

图 3-4　不同初相角的正弦交流电的波形图

3. 相量图表示法

正弦量可以用振幅相量或有效值相量表示，但通常用有效值相量表示。

1）振幅相量表示法

振幅相量表示法是用正弦量的振幅值作为相量的模（大小）、用初相角作为相量的幅角，例如，有三个正弦量为

$e=60\sin(\omega t+60°)$ V

$u = 30\sin(\omega t + 30°)$ V
$i = 5\sin(\omega t - 30°)$ A

则它们的振幅相量图如图 3-5 所示。

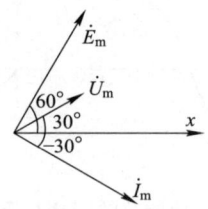

图 3-5 正弦量的振幅相量图举例

2) 有效值相量表示法

有效值相量表示法是用正弦量的有效值作为相量的模（长度大小）、仍用初相角作为相量的幅角，例如，有

$$u = 220\sqrt{2}\sin(\omega t + 53°) \text{ V}, \quad i = 0.41\sqrt{2}\sin(\omega t) \text{ A}$$

则它们的有效值相量图如图 3-6 所示。

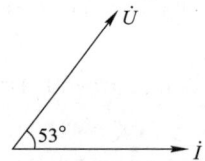

图 3-6 正弦量的有效值相量图举例

 习题

1. 正弦交流电的基本物理量有哪些？
2. 正弦交流电的表示方法有哪些？

任务 3.2　交流电路的分析

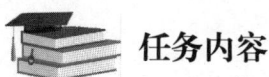 **任务内容**

掌握正弦交流电通过纯电路和混联电路的分析方法。

3.2.1　正弦交流电通过纯电路的分析

1. 电阻电路

只有电阻元件的电路称为纯电阻电路，如图 3-7 所示，其中，电压与电流的关系为

$$u = Ri$$

用相量表示上述关系为

$$\dot{U} = R\dot{I} \quad \text{或} \quad \dot{U}_m = R\dot{I}_m$$

电路的平均功率为

$$P_R = UI = I^2 R = \frac{U^2}{R}$$

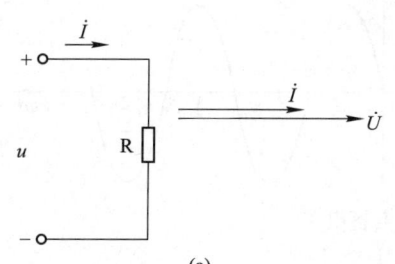 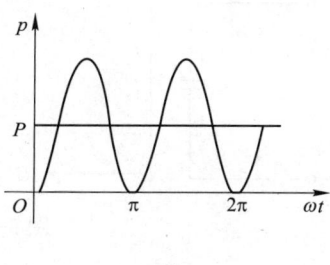

图 3-7　纯电阻电路

2. 电感电路

对于在电路中常用的电感线圈、高频扼流圈、电机、变压器的绕组等，如果不考虑线圈导线的电阻，只考虑其通电建立磁场的特性，可视其为理想的电感元件，只有电感元件的电路称为纯电感电路，如图 3-8 所示，其中，电压与电流的关系为

$$U_m = I_m \omega L \quad \text{或} \quad U = I \omega L$$

用相量式表示为

$$\dot{U}_m = j\omega L \dot{I}_m \quad \text{或} \quad \dot{U} = j\omega L \dot{I}$$

电感元件与电源之间进行能量交换，衡量电感元件与电源之间能量交换的规模，用瞬时功率的最大值表示，称为无功功率，即

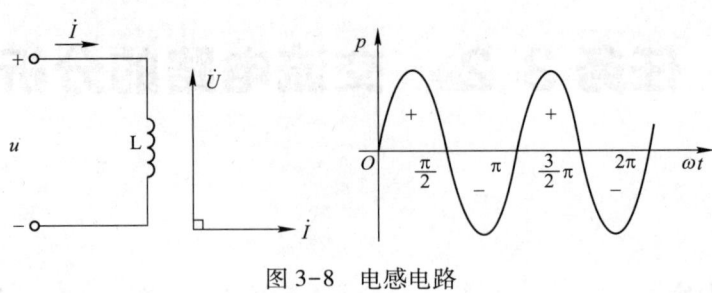

图 3-8 电感电路

$$Q_L = UI = I^2 X_L = \frac{U^2}{X_L}$$

3. 电容电路

电容是组成电路的基本元件之一，广泛应用于滤波电路、耦合电路、振荡电路等。电力电容用于电力系统中电力负荷无功功率的补偿。如果电容的漏电流（电容器内部从正极板通过电介质流向负极板的电流）和介质损耗可以忽略不计，可视为理想电容元件，只有电容元件的电路称为电容电路，如图 3-9 所示，其中，电压与电流的关系为

$$i = C\frac{du}{dt} = \omega C U_m \cos\omega t = \omega C U_m \sin(\omega t + 90°)$$

$$I_m = \omega C U_m \quad \text{或} \quad U_m = \frac{1}{\omega C}I_m = X_C I_m$$

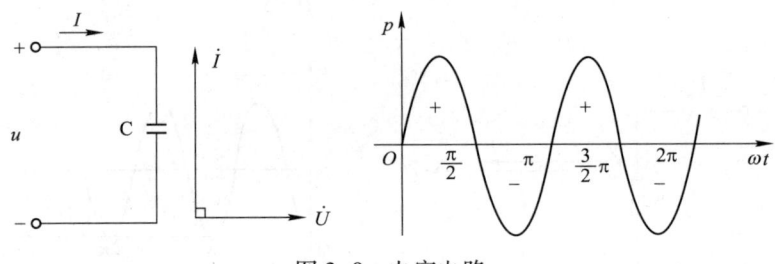

图 3-9 电容电路

取电流 i 与电压 u 为关联的参考方向

相量表示为

$$\dot{I}_m = j\omega C \dot{U}_m \quad \text{或} \quad \dot{I} = j\omega C \dot{U}$$

电容的平均功率 $P_C = 0$，表明电容并不消耗功率，所以电容元件为储能元件。电容与电源之间互换的能量仍用无功功率 Q 来计量，单位是乏（var），即

$$Q_C = UI = I^2 X_C = \frac{U^2}{X_C}$$

3.2.2 正弦交流电通过混联电路的分析

1. RLC 串联电路

在实际交流电路中，大部分负载往往是由两个或三个不同的基本元件组合而成。例如，电动机、日光灯等负载既有电阻，又有电感，一般的电容往往也伴有电阻存在，那么由这些

负载构成的交流电路如何来进行分析,下面以 RLC 串联电路为例,用矢量图和相量来分析正弦交流电路的方法。

由电阻、电感、电容串联组成的电路叫作 RLC 串联电路,如图 3-10 所示。

2. 电压和电流的关系

1)数量关系

电压和电流的数量关系为

$$I = \frac{U}{Z}$$

式中,Z 为电路中的阻抗,Ω。

推导如下:

设 $i = I_m \sin\omega t$,则

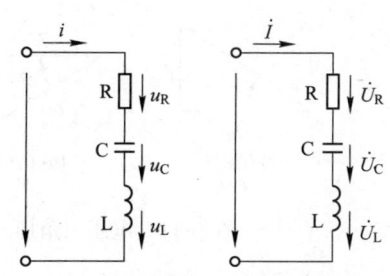

图 3-10 RLC 串联电路图

$u_R = U_{R_m}\sin\omega t = I_m R \sin\omega t$

$u_L = U_{L_m}\sin(\omega t + 90°) = I_m X_L \sin(\omega t + 90°)$

$u_C = U_{C_m}\sin(\omega t - 90°) = I_m X_C \sin(\omega t - 90°)$

瞬时电压为

$$u = u_R + u_L + u_C$$

各有效值的相量关系为

$$\dot{U} = \dot{U}_R + \dot{U}_L + \dot{U}_C$$

$$U = \sqrt{U_R^2 + (U_L - U_C)^2} = \sqrt{U_R^2 + U_X^2} = \sqrt{(IR)^2 + (IX_L - IX_C)^2} = I\sqrt{R^2 + (X_L - X_C)^2} = I\sqrt{R^2 + X^2}$$

式中,$U_X = U_L - U_C$,是电感与电容上电压数值之差,称为电抗电压;$X = X_L - X_C$,称为电抗,单位为 Ω;$Z = \sqrt{R^2 + X^2} = \sqrt{R^2 + (X_L - X_C)^2}$,称为阻抗,单位为 Ω。

2)相位关系

总电压超前电流的角度为

$$\varphi = \arctan\frac{U_L - U_C}{U_R} = \arctan\frac{X_L - X_C}{R} = \arctan\frac{X}{R}$$

φ 是以 R 为邻边,以 X 为对边而成的角,称为阻抗角。

(1)若 $\varphi > 0$,则 $U_L > U_C$,$X_L > X_C$,电路呈感性,此时 $X = X_L - X_C$;

(2)若 $\varphi < 0$,则 $U_L < U_C$,$X_L < X_C$,电路呈容性,此时 $X = X_C - X_L$;

(3)若 $\varphi = 0$,则 $U_L = U_C$,$X_L = X_C$,电路呈阻性,此时阻抗最小,电流最大,称为 RLC 串联谐振。

3)用三角形表示电压关系、电流关系

用总电压 $\dot{U}$、电阻电压 $\dot{U}_R$、电抗电压 $\dot{U}_X$ 为边组成的三角形称为电压三角形,如图 3-11 所示。用总阻抗 Z、电阻 R、电抗 X 为边组成的三角形称为阻抗三角形,如图 3-12 所示。它们之间的计算遵循直角三角形的边与边关系

$$\begin{cases} \dot{U}_R = U\cos\varphi \\ \dot{U}_X = U\sin\varphi \\ \dot{U} = \sqrt{U_R^2 + U_X^2} \end{cases}$$

$$\begin{cases} R = Z\cos\varphi \\ X = Z\sin\varphi \\ Z = \sqrt{R^2 + X^2} \end{cases}$$

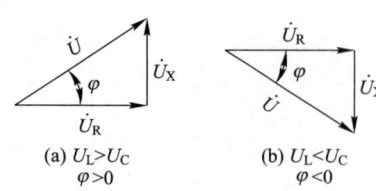
(a) $U_L > U_C$　　(b) $U_L < U_C$
　　$\varphi > 0$　　　　$\varphi < 0$

图 3-11　电压三角形

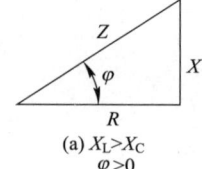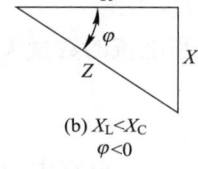
(a) $X_L > X_C$　　(b) $X_L < X_C$
　　$\varphi > 0$　　　　$\varphi < 0$

图 3-12　阻抗三角形

3. 功率

1）有功功率

电源提供给电阻的用于实现能量转换的功率，也就是电阻消耗的功率，称为有功功率，用符号 P 表示，基本单位为 W。

$$P = IU_R = IU\cos\varphi$$

2）无功功率

电源提供给电感和电容的功率用于实现能量交换的功率，称为无功功率，用符号 Q 表示，基本单位为 var。

$$Q = Q_L - Q_C = I(U_L - U_C) = UI\frac{U_L - U_C}{U} = UI\sin\varphi$$

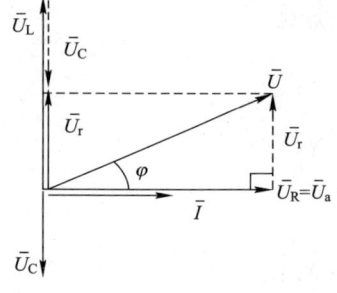

图 3-13　功率三角形

3）视在功率

电路的视在功率，包括有功功率和无功功率（要按功率三角形计算），其大小为总电压与总电流的乘积，用符号 S 表示，单位为伏安（V·A）或千伏安（kV·A）。

$$S = UI = I^2Z = \frac{U^2}{Z} = \sqrt{U_R^2 I^2 + U_X^2 I^2} = \sqrt{P^2 + Q^2}$$

4）功率三角形

用视在功率、有功功率、无功功率为边组成的三角形称为功率三角形（如图 3-13 所示）。

习题

1. 简述正弦交流电路纯电路的分析方法。
2. 简述正弦交流电路混联电路的分析方法。

任务 3.3 对称三相电路

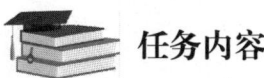

掌握三相交流电源和三相负载的两种连接方式。

3.3.1 三相交流电源

1. 三相对称交流电动势

三相交流电动势是由三相交流发电机产生的。三相交流发电机内有三个结构完全相同的电枢绕组，在空间互差120°对称分布，称为对称三相绕组。发电机的定子一般由直流电磁铁构成，通入直流励磁电流而产生固定磁极，极面做成适当形状，使定子与转子间的空气隙中产生的磁感应强度按正弦规律分布。当转子由原动机拖动，则电枢绕组在同一旋转磁场中切割磁力线，产生三相对称的交流电动势，即三相电动势的最大值相等，角频率相同，相位互差120°，如图3-14所示。

$e_1 = E_m \sin\omega t$

$e_2 = E_m \sin(\omega t - 120°)$

$e_3 = E_m \sin(\omega t + 120°)$

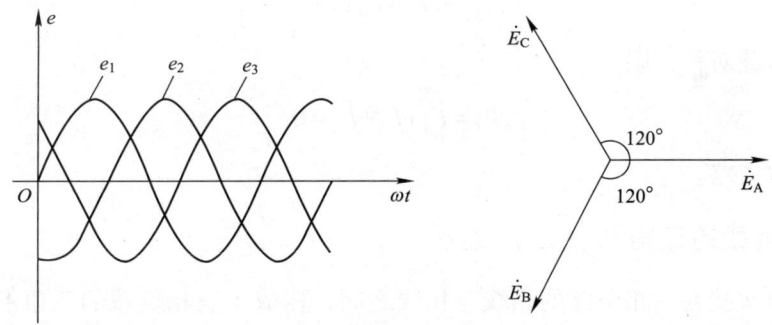

图 3-14 三相交流电

2. 三相交流电源的星形连接方式

通常将发电机三相绕组的末端 X、Y、Z 连接在一起，这个联结点 N 称为中性点，自该点引出的输电线称为中线（俗称零线），用蓝色标志；从三相绕组的首端 A、B、C 引出的三根输电线，称为相线（俗称火线），一般分别用黄、绿、红三种颜色标志。三相交流电源的星形连接方式如图3-15所示。

三相交流电源可提供两种电压，即线电压和相电压。线电压与相电压的关系为

$$\dot{U}_{AB} = \sqrt{3}\dot{U}_A \angle 30°$$

即线电压的有效值 U_1 是相电压 U_P 的 $\sqrt{3}$ 倍，即 $U_1 = \sqrt{3}U_P$，相位超前相应的相电压 $30°$。

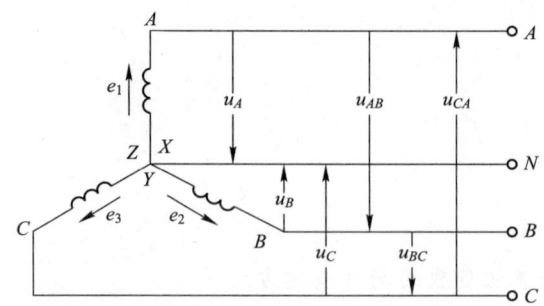

图 3-15 三相交流电源的星形连接方式

3.3.2 三相负载的星形（Y）连接

将三相负载分别接在三相交流电源的相线和中线之间，每相负载的电压等于电源的相电压，称为三相负载的星形（Y）连接。

三相四线制各相电源与各相负载经中线构成各自独立的回路，可以利用单相交流电的分析方法对每相负载进行独立的计算，即

$$\dot{I}_A = \dot{I}_a = \frac{\dot{U}_A}{Z_a} \quad \dot{I}_B = \dot{I}_b = \frac{\dot{U}_B}{Z_b} \quad \dot{I}_C = \dot{I}_c = \frac{\dot{U}_C}{Z_c}$$

根据 KCL，得中线的电流为

$$\dot{I}_N = \dot{I}_A + \dot{I}_B + \dot{I}_C$$

如果三相负载对称，则

$$\dot{I}_N = \dot{I}_A + \dot{I}_B + \dot{I}_C = 0$$

此时，中线可以省略。

3.3.3 三相负载的三角形（△）连接

三相负载依次接在三相电源的相线与相线之间，构成了三相负载的三角形（△）连接，由此可得每相负载的电压是电源的线电压。三相电源的三角形连接方式如图 3-16 所示。每相负载的电流为

$$\dot{I}_{ab} = \frac{\dot{U}_{AB}}{Z_{ab}}, \quad \dot{I}_{bc} = \frac{\dot{U}_{BC}}{Z_{bc}}, \quad \dot{I}_{ca} = \frac{\dot{U}_{CA}}{Z_{ca}}$$

3.3.4 三相负载的电功率

三相负载无论对称与否，无论进行何种接法，其有功功率为

$$P = P_a + P_b + P_c$$

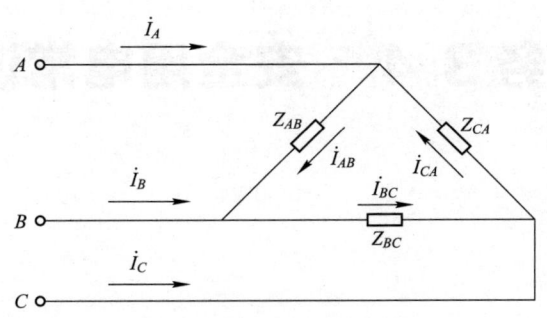

图 3-16 三相电源的三角形连接方式

三相负载总无功功率等于各相无功功率的代数和，即
$$Q = Q_A + Q_B + Q_C$$
三相总的视在功率根据功率三角形，可得
$$S = \sqrt{P^2 + Q^2}$$

 **习题**

1. 什么是三相交流电动势？
2. 三相交流电源的两种连接方式是什么？
3. 三相负载功率的计算方法是什么？

任务 3.4 安全用电常识(一)

任务内容

了解安全用电的基本常识和注意事项。

3.4.1 触电的原因与危害

发生触电的原因是多方面的:一是忽视安全操作规程,违规作业;二是缺乏安全用电的基本常识;三是输电线路或电气设备的绝缘损坏。当人体无意识触及带电的裸露导线及金属外壳时也会触电。触电对人体的伤害:当人体触电时,电流会使人体的各种生理机能失常或遭到破坏,如烧伤、呼吸困难、心脏停搏等,严重时会危及生命。触电的危害性与通过人体的电流大小、时间长短及电流频率的大小有关。一般认为,若有 50 mA(工频)的电流流经人体即能致命。

3.4.2 触电的种类

人体因触及高压带电体而承受过大电流,以致死亡或局部受伤的现象称为触电。人体触电时,电流对人体会造成两种伤害:电击和电伤。电击是指电流通过人体,使人体组织受到损害,这种伤害会造成身体发麻、肌肉抽搐、神经麻痹,从而引起心颤、昏迷、窒息和死亡。电伤是指电流对人体外部造成的局部伤害,它是由于在电流的热效应、化学效应、机械效应及电流本身的作用下,使熔化和蒸发的金属微粒侵入人体,使局部皮肤受到灼伤和皮肤金属化作用,严重的也能致人死亡。电伤一般发生在带载拉闸和负载短路的情况。当负载电流很大且为感性负载时,带载切断电源会使闸刀触头产生强大的电弧。若灭弧装置的性能不好或未加灭弧装置时,会使触头熔化形成的金属蒸气喷到操作人员的手上或脸上造成电伤。

3.4.3 触电对人体的伤害程度

触电对人体的伤害程度与人体电阻、电流强度、触电电压、电流频率、电流持续的时间与路径等因素有关。

1. 人体电阻

人体电阻因人而异,通常为 10~100 kΩ。触电面积越大,靠得越紧,电阻越小。因此在相同情况下,不同的人受到的触电伤害也不同。天气潮湿、皮肤出汗会使人体电阻降低。在测量电阻阻值时,不能两只手同时接触电阻脚,否则会将人体电阻并在被测电阻上。

2. 电流强度

人体通过 1 mA 工频交流电或 5 mA 直流电时,会有麻、痛的感觉;通过 20 mA 工频交流电或 30 mA 直流电时,会感到麻木、剧痛,且失去摆脱电源的能力,如果持续时间过长,会引起昏迷而死亡；当通过 100 mA 工频交流电时，会引起窒息，心跳停止，以致死亡。因此漏电保护通常设定在 20 mA。

3. 触电电压

触电电压越高，通过人体的电流越大就越危险。而 36V 以下的电压对人体没有生命威胁，因此把 36V 以下的电压定为安全电压。在工厂进行设备检修时使用的手电筒及机床照明都采用安全电压。

4. 电流频率

实践证明，直流电对血液有分解作用，而高频电流不仅没有危害还可以用于医疗保健。电流频率为 40~60 Hz 时对人体的伤害最大。

5. 电流持续时间与路径

电流持续的时间越长，人体电阻变得越小，通过人体的电流将变大，危害也越大。电流的路径通过心脏会导致心跳停止、血液循环中断，危险性最大。其中电流从右手到左脚的路径是最危险的。

3.4.4 触电的形式及防护

触电的形式可分为直接触电和间接触电。

1. 直接触电

人体直接接触带电设备称为直接触电。其防护方法主要包括：对带电导体加绝缘层，变电所的带电设备加隔离栅栏或防护罩等。直接触电又可分为单相触电和两相触电。人体的一部分与一根带电相线接触，另一部分又同时与大地（或零线）接触而造成的触电称为单相触电。单相触电是最多的一种触电事故。人体的不同部位同时接触两根带电相线时的触电称为两相触电。这种触电的电压高，危险性大。

2. 间接触电

设备或线路发生故障时，人体触及正常情况下不带电而故障时意外带电的导电体（电气设备的金属外壳框架等）而造成的触电称为间接触电。间接触电防护的方法是将正常时不带电的外露可导电部分接地，并装接地保护。间接触电主要包括跨步电压触电和接触电压触电。

1）跨步电压触电

电力线落地后会在导线周围形成一个电场，电位的分布是以接地点为圆心逐步降低。当有人跨入这个区域，两脚之间的电位差会使人触电，这个电压称为跨步电压。通常高压线形成的跨步电压对人有较大的危险。如果误入接地点附近，应采取双脚并拢或单脚跳出危险区的方法自救。一般在 20 m 以外，跨步电压就降为零了。

2）接触电压触电

当人站在发生接地短路故障设备的旁边，手触及设备外露可导电部分，手、脚之间所承受的电压称接触电压，由接触电压引起的触电称为接触电压触电。

3.4.5 安全措施

为了防止触电事故的发生，可采取以下措施。

1. 保护接地

电气设备的某部分与土壤之间的良好电气连接称为接地。与土壤直接接触的金属物体称为接地体（人工接地体通常采用钢管或角钢打入地下 4 m 以上），连接接地体与电气设备接地部分的金属线称为接地线（接地线用扁钢或圆钢与接地体电焊连接），接地体和接地线总称为接地装置。当电气设备发生接地短路时，电流就通过接地装置向大地做半球形散开，距离接地点越远，电位就越低。试验证明，离接地短路点 20 m 左右的地方，电位已趋近于零，零电位的地方称为电气设备的"地"或"大地"。电力系统和设备的接地，按其功能可分为工作接地和保护接地，另外还有进一步保证保护接地的重复接地。

2. 保护接零

保护接零是将电气设备的金属外壳接到零线（中线），保护接零适用于电压低于 1 kV 且电源中点接地的三相四线制供电线路。采用保护接零措施后，若外壳带电时，相当于一相电源对中性线（地）短路，使熔断器立即熔断（或其他保护电器动作），迅速切断电源，避免触电事故的发生。家用电器等单相负载的外壳，用接零导线接到电源线三脚插头中央的长而粗的插脚上，使用时通过插座与中线单独相连，绝不允许把家用电器等的外壳直接与家用电器等的零线相连，这样不仅不能起到保护作用，还可能引起触电事故。

项目4 变压器认知

项目描述

变压器的应用范围非常广泛,在电力系统中常用它来升高电压减小电流,以降低输电过程中的功率损耗和减少线路中有色金属的消耗;用户用变压器来降低电压,以保证用电过程的安全,上述变压器称为电力变压器。变压器是一种静止的电气设备,它利用电磁感应原理,把一种电压等级的交流电能转换成另一种电压等级的交流电能。变压器是电力系统中实现电能的经济传输、灵活分配和合理使用的重要设备,在国民经济各部门得到了广泛应用。本章重点是掌握变压器的工作原理,了解变压器的结构,对特殊变压器进行一般了解。

教学目标

【能力目标】
1. 掌握变压器变压、变流和阻抗变换的作用,能根据负载需要正确选择变压器。
2. 能处理简单的变压器故障。
3. 学会探究学习,具备自主探究学习的能力。

【知识目标】
1. 掌握变压器的工作原理。
2. 了解变压器的基本结构和绕组的同极端测试。
3. 掌握变压器的故障检测。

【素质目标】
1. 培养对新设备的认知能力。
2. 培养自主学习新知识的能力。
3. 培养制订学习计划的能力,解决实际问题的能力。

任务 4.1 磁路的基本知识

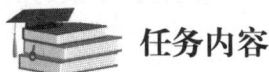任务内容

了解磁路的基本内容。

变压器是将一种交流电压变换成频率相同而电压不同的另一种交流电压的静止电气设备。电子设备中的变压器,除用来变换电压外,还常用来变换阻抗、传递信号,如输出变压器和耦合变压器等。

根据变压器的用途和结构上的不同,可分为电力变压器、自耦变压器、电压互感器、电流互感器、电焊变压器等多种。虽然变压器有不同的分类,但其工作原理是相同的,均属于铁芯线圈在交流电路中的应用。所以在讨论变压器之前,先了解磁路的基本知识,然后对具有铁芯线圈的交流电路进行简单分析。

4.1.1 磁导率及铁磁材料

1. 磁导率

工程上用磁导率 μ 来表示各种不同材料导磁能力的强弱,真空中的磁导率 μ_0 为常数,$\mu_0 = 4\pi \times 10^{-7}$ H/m。人们把任意媒介质的磁导率与真空中的磁导率的比值叫作相对磁导率,用 p_r 来表示,即

$$p_r = \mu / \mu_0$$

相对磁导率是一个比值,无单位。它的物理意义是:在其他条件相同的情况下,媒介质的磁感应强度是真空中的多少倍。

2. 铁磁材料

自然界中绝大多数的物质对磁感应强度的影响甚微。根据各种物质的磁导率的大小,把物质分为三类:第一类叫作反磁物质,它们的相对磁导率略小于1,如铜、银等;第二类叫作顺磁物质,它们的相对磁导率稍大于1,如空气、铝等;第三类叫作铁磁物质,它们的相对磁导率远大于1,如铁、钴、镍等。反磁物质和顺磁物质的相对磁导率都近似等于1,通称为非铁磁物质。而铁磁物质的相对磁导率远远大于1,在其他条件不变的情况下,铁磁物质在空气中产生的磁场要比真空中产生的磁场强几千甚至上万倍,例如,硅钢片的相对磁导率是7 500。因此用铁磁物质来制造电磁器件(如变压器和电动机),将会使其体积明显缩小,重量大为减轻。铁磁材料已经成为生产和生活中必不可少的材料之一。

铁磁物质在没有磁场作用时,对外是不显磁性的。只有把它放入通有电流的线圈中,即在外界磁场的作用下,铁磁物质才对外显出磁性,称为铁磁物质被磁化,而这个磁场称为附加磁场。并且外磁场越强,破坏的程度越强,附加磁场越强。可见,由于铁磁物质所形成的附加磁场而加强了总磁场,这就使铁磁物质具有很高的导磁性,因而在电气设备中,广泛采

用铁磁物质来构成所需要的磁路。

4.1.2 磁路

通常由铁芯制成而使磁通集中通过的回路称为磁路。铁芯中的磁通称为主磁通，少量磁通通过周围的空气构成的回路称为漏磁通，可忽略不计。若用 Φ 表示磁通，线圈中电流有效值 I 与线圈匝数 N 的乘积称为磁通势，R_m 称为磁阻。这三个物理量可以分别对应电路中的电流 I、电动势 E 和电阻 R，其相互关系也可以对应电路中的欧姆定律。在磁路中欧姆定律称为磁路欧姆定律，其表达式为

$$\Phi = R\frac{F}{R_m}$$

式中，F 表示磁通势，$F = IN$；R_m 表示物质对磁通具有的阻碍作用，不同物质的磁阻不同。若铁芯中存在空气隙，磁阻会增加很多。值得注意的是：磁路欧姆定律只适用于铁芯的非饱和状态。

4.1.3 涡流

交变的磁通穿过铁芯时，铁芯中会产生感应电动势，因而会产生感应电流，它围绕感应线呈旋涡状流动，故称为涡流。涡流在铁芯的电阻上引起的功率损耗，会使铁芯发热并消耗能量，称为涡流损耗。为了减小涡流损耗，常将铁芯分成许多彼此绝缘的薄片（硅钢片），由于硅钢片中含有少量的硅，使铁芯中的电阻增大而使涡流减小，这样就可以有效地减小涡流损耗。

4.1.4 磁滞损耗和涡流损耗

在交流电磁铁中除了线圈中电阻有功率损耗（铜耗）外，铁芯中由于磁通的变化也有功率损耗，称为铁耗，它包括磁滞损耗 P_h 和涡流损耗 P_e 两部分。为了减小磁滞损耗 P_h，铁芯多选用磁滞回线面积较小的硅钢材料。在交流电磁铁中，由于磁通的变化，必然在铁芯中感应出电动势，在铁芯中构成闭合回路，从而形成涡流。由于铁芯存在电阻，故铁芯会发热而消耗有功功率，这部分损耗称为涡流损耗。为有效地减少这部分损耗，就需要增加铁芯的电阻以限制涡流。具体的办法是在铁中掺入少量的硅，来增大铁芯的电阻系数，同时还将设法增长涡流流通的路径，即采用片状叠成。所以变压器的铁芯多是采用硅钢片叠制而成，这是为减少铁耗而采取的有效措施。但在有些场合，如高频感应炉及淬火设备中，就要利用涡流把工件加热。

习题

简述磁路的基本知识。

任务 4.2　变压器的结构以及工作原理

任务内容

了解变压器的基本结构以及工作原理。

4.2.1　变压器的结构

1. 铁芯

铁芯是组成变压器基本的组成部件之一，是变压器导磁的主磁路，又是变压器的主骨架，它由铁柱、铁轭和夹紧装置组成（如图 4-1 所示）。常用的变压器铁芯一般都是用硅钢片制成的，硅钢中的硅含量为 0.8%~4.8%。由硅钢做变压器的铁芯，是因为硅钢本身是一种导磁能力很强的磁性物质，在通电线圈中，它可以产生较大的磁感应强度，从而可以使变压器的体积缩小。变压器工作时，线圈中有交变电流，它产生的磁通当然是交变的。这个变化的磁通在铁芯中产生感应电流。铁芯中产生的感应电流，在垂直于磁通方向的平面内环流着，所以称为涡流。涡流损耗同样使铁芯发热。为了减小涡流损耗，变压器的铁芯用彼此绝缘的硅钢片叠成，使涡流在狭长形的回路中，通过较小的截面，以增大涡流通路上的电阻；同时，硅钢中的硅使材料的电阻率增大，也起到减小涡流的作用。用作变压器的铁芯，一般选用 0.35 mm 厚的冷轧硅钢片，按所需铁芯的尺寸，将它裁成长形片，然后交叠成"日"字形或"口"字形。从道理上讲，若为减小涡流，硅钢片厚度越薄，拼接的片条越狭窄，效果越好。这不但减小了涡流损耗，降低了温度，还能节省硅钢片的用料。但实际上制作硅钢片铁芯时，并不单从上述的有利因素出发，因为这样制作铁芯，要大大增加工时，还减小了铁芯的有效截面。所以，用硅钢片制作变压器铁芯时，要从具体情况出发，权衡利弊，选择最佳尺寸。

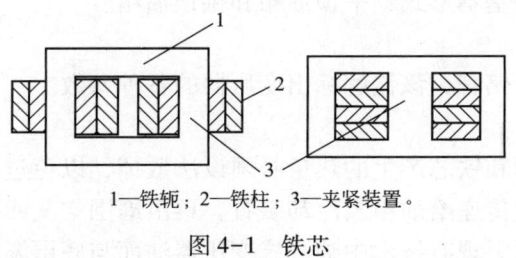

1—铁轭；2—铁柱；3—夹紧装置。

图 4-1　铁芯

2. 绕组

绕组是变压器最关键的部件，是变压器进行电能交换的中枢，它应具有足够的绝缘强度、机械强度、耐热能力和良好的散热条件。

变压器的绕组大多用包有绝缘的铜导线绕制而成，在中小型变压器中也有用铝线代替铜线的；电压高的绕组为高压绕组。电压低的绕组为低压绕组。绕组套在铁芯柱上，低压绕组在里，高压绕组在外，这样绝缘距离小，绕组与铁芯的尺寸都可以小些。绕组也有很多种结构形式，这里不一一进行介绍了。绕组的一次与二次电压的比值几乎与二者之线圈匝数比相同。因此，变压器的线圈匝数比，一般可作为变压器升压或降压的参考指标。

3. 绝缘结构

变压器的绝缘结构包括外部绝缘和内部绝缘。外部绝缘指的是变压器的同相或异相套管之间以及套管对地部分之间的绝缘；内部绝缘指的是油箱内的绝缘，主要是绕组绝缘、引线和分接开关的绝缘。中性点的绝缘结构有两种：一种是全绝缘结构，其特点是中性点的绝缘水平与三相端部出线电压等级的绝缘水平相同，此种绝缘结构主要用于绝缘要求较高的小接地电流接地系统。目前我国40 kV及以下电压等级电网均属小电流接地系统，所用的变压器都是全绝缘结构。另一种是分级绝缘结构，其特点是中性点的绝缘水平低于三相端部出线电压等级的绝缘水平。此种绝缘结构的变压器主要用于110 kV及上电压等级电网的大电流接地系统。采用分级绝缘结构的变压器可以使内绝缘尺寸减小，从而使整个变压器的尺寸缩小，这样可降低造价。

4. 分接开关

变压器的分接开关是用来调节变压器输出电压的。由于电力系统电网中各处的电压不是完全相同的，为了使变压器无论安装在电网什么位置都能输出额定电压，就在变压器的高压绕组中设置了多个抽头，并将抽头接到分接开关上，通过开关与电网相连。这样，可以通过分接开关与不同的变压器绕组抽头连接来改变变压器高低压绕组的匝数比，从而达到调节变压器输出电压的目的。分接头有无载调压和有载调压两种，前者只能在变压器与电网脱开后调节分接开关位置，而后者可以在变压器运行工况中调节分接开关位置。一般配电变压器，如果没有特殊的要求，都采用无载调压分接头开关，额定电压的调节范围为±5%。而采用有载调压分接头的，可以有±(6.25%)、±7%等组合。

5. 油箱和其他附件

油浸式电力变压器的器身装在充满变压器油的油箱中，变压器附件分别布置在油箱的顶部、底部和侧壁。

1）油箱

变压器的油箱有两种基本形式：平顶油箱和拱顶油箱。

2）铭牌

每台变压器都有一个铭牌，该铭牌标出变压器的各种参数。

6. 冷却装置

变压器运行时，线圈和铁芯产生的热量必须设法散掉，以免过热损坏变压器。油浸式电力变压器的热量是通过油传递给油箱及冷却装置，再由周围空气或冷却水进行冷却的。变压器油循环冷却装置，克服了现有技术中油浸式变压器油面与底层温差较大，难以形成对流的不足。该装置包括变压器箱体及循环管，在变压器一侧散热片上部的箱体外侧处和变压器另一侧散热片下部的箱体外侧处各设置一个通孔；循环管为中空管，其一端焊接在箱体上部的通孔处，另一端沿散热片外侧向下延伸至散热片下方，再沿散热片下方绕箱体折转半周，至箱体另一侧散热片的下方通孔处，并与该通孔焊接，使箱体的上通孔经循环管与下通孔连通。该装置的优点：外部散热可直接降低油面温升，把变压器运行温度控制在温升允许的限值内，降低变压器的运行温度，延缓变压器内绝缘材料的老化，防止运行事故的发生。

7. 保护装置

为了保证变压器的安全运行，变压器的保护装置主要有以下几部分。

1）储油柜和呼吸器

储油柜俗称油枕，为一圆筒形容器，横放于油箱上方，用管道与变压器的油箱连接。当变压器油热胀时，油从油箱流向储油柜；当变压器油冷缩时，油由储油柜流回油箱。储油柜油面上部的空气由一通气管道与外部大气相通。通气管道中放置干燥剂，以减少空气中的水分进入储油柜中。储油柜的底部设有沉积器，以沉聚侵入储油柜的污物，定期加以排除。在储油柜的一端还装有油位表以观测油面的高低，当由于渗漏等原因造成油量不足时，应及时注油。

呼吸器是变压器的一个重要保护部件，呼吸器是一个小元件，但它在变压器的运行中起到了不小的作用。呼吸器主要起到过滤和净化空气的作用：当变压器油温升高膨胀时，呼出变压器内部多余的空气；当变压器油温降低收缩时，吸入外部空气。当吸入外部空气时，储油盒里的变压器油过滤外部空气，然后硅胶将没有过滤去的水分吸收，使变压器内的变压器油不受外部空气中水分的侵入，使其水分含量始终在标准以内。

2）安全气道

安全气道安装在变压器的油箱盖上，是油箱内部发生故障时产生过高压力的释放装置，所以又称为防爆管。

3）气体继电器

气体继电器是油浸式变压器上的重要安全保护装置，它安装在变压器箱盖与储油柜的连接管上，在变压器内部故障产生的气体或油流作用下接通信号或跳闸回路，使有关装置发出警报信号或使变压器从电网中切除，达到保护变压器的作用。

4）净油器

净油器又叫热滤油器，是一种变压器油连续再生的装置。变压器的净油器可使油中的有害物质如水分、游离碳、氧化物等随着油的循环被净油器中的硅胶吸收，使油净化保持良好的电气及化学性能，延长使用寿命，减少更换频率，降低使用成本。

5）温度计

温度计用来测量油箱内的上层温度，这是油的最高温度，其种类有水银温度计、信号式温度计和电阻温度计。

6）油表

油表是用来监视变压器油箱内或充油套管内油位变化的装置，变压器常用的油表有板式、管式和磁铁式三种。

8. 套管

套管是将变压器内部高压、低压引线引到油箱外部的绝缘管道，不但作为引线对地绝缘，而且担负着固定引线的作用。套管是变压器载流元件之一，在变压器运行中，长期通过负载电流，当变压器外部发生短路时通过短路电流。

4.2.2 变压器的原理

变压器通过磁路的耦合作用把交流电从原边输送到副边利用绕制在同一铁芯上的原绕组和副绕组匝数的不同，把原绕组的电压相电流从某种数量等级改变为副绕组的另外一种数量等级。

当正弦交流电压 U_1 加在初级线圈两端时，导线中就有交变电流 I_1 通过并产生交变磁通 Φ_1，交变磁通沿着铁芯穿过初级线圈和次级线圈形成闭合的磁路。在次级线圈中产生互感电势 U_2，同时 Φ_1 也会在初级线圈上感应出一个自感电势 E_1，E_1 的方向与所加电压 U_1 方向相反而幅度相近，从而限制了 I_1 的大小。为了保持磁通 Φ_1 的存在就需要一定的电能消耗，并且变压器本身也有一定的损耗，尽管此时次级线圈没接负载，初级线圈中仍有一定的电流，这个电流称为"空载电流"。

如果次级线圈接上负载，就产生电流 I_2，并因此而产生磁通 Φ_2，Φ_2 的方向与 Φ_1 相反，起了互相抵消的作用，使铁芯中总的磁通量有所减少，从而使初级自感电压 E_1 减少，其结果使 I_1 增大，可见初级电流与次级负载有密切关系。当次级负载电流加大时 I_1 增加，Φ_1 也增加，并且 Φ_1 增加部分正好补充了被 Φ_2 所抵消的那部分磁通，以保持铁芯里总磁通量不变。如果不考虑变压器的损耗，可以认为一个理想的变压器次级负载消耗的功率，也就是初级线圈从电源取得的电功率。变压器能根据需要通过改变次级线圈的匝数而改变次级电压，但是不能改变允许负载消耗的功率。

理想变压器的两个基本公式为

$$U_1/U_2 = N_1/N_2$$

式中，U_1 为加在初级线圈两端的交流电压，U_2 为在次级线圈中感应出的互感电动势，N_1 为初级线圈匝数，N_2 为次级线圈匝数。

即对同一变压器的任意两个线圈，都有电压和匝数成正比。

$$P_i = P_o$$

式中，P_i 为输入功率，P_o 为输出功率。

即无论有几个副线圈在工作，变压器的输入功率总等于所有输出功率之和。

在发电机中，不管是线圈运动通过磁场或磁场运动通过线圈，均能在线圈中产生感应电势，在这两种情况下磁通的值均不变，但与线圈相交链的磁通数量却有变动，这是互感应的原理。变压器就是一种利用电磁互感应变换电压、电流和阻抗的器件。

例如，拆开一个废旧的收音机中的变压器，可以看到变压器里面主要是一块钢铁周围绕着两组铜线。这块钢铁称为铁芯，它是用软磁材料做的。铜线称为线圈，其中一组用来连接输入电流，称为初级线圈；另一组用来连接后面的用电器，称为次级线圈。

如果初级线圈通过交流电，那么它就会产生变换的磁场，这样铁芯处于磁场中会被磁化，产生变换的磁矩。磁矩和磁场之和称为磁通。可以想象初级线圈通过交流电后会在铁芯中产生来回变化的磁力线。

另外，次级线圈也是套在铁芯上的。根据电磁感应原理可知，次级线圈中间面积中磁力线的变化一定会在次级线圈中感生一个感应电压。如果次级线圈后面连接用电器，那么次级线圈中就会流过电流。这样，通过铁芯内部变化的磁力线，电就从初级线圈传到了次级线圈。

变压器初级线圈和次级线圈的电压和电流大小有固定的关系：电压和线圈的匝数成正比，而电流和匝数成反比。这样，通过变压器，就实现了电压和电流的变换。

变压器原理虽然简单，但是变压器的形式却多种多样，大变压器可重达数十吨，而小变压器仅重几克。

4.2.3 变压器的空载运行与电压变换

变压器的一次绕组接至额定电压、额定频率的交流电源，二次绕组开路（不接负载，$i_2=0$）的情况，称为空载运行。

$$E_1 = 4.44fN_1\Phi_m$$

$$E_2 = 4.44fN_2\Phi_m$$

如果忽略空载电流在原绕组上的压降和漏抗压降，则有

$$E_1 \approx U_1$$

$$E_2 = U_2$$

由以上分析可以得出

$$\frac{U_1}{U_2} \approx \frac{E_1}{E_2} = \frac{N_1}{N_2} = K$$

式中，K 为变压比。

4.2.4 变压器的负载运行与电流变换

变压器的一次绕组接至额定频率的正弦电压 u_1，二次绕组接上负载 Z_L 时的运行情况，称为变压器的负载运行。

变压器有载运行时，原绕组、副绕组的电流数量关系为

$$\frac{I_1}{I_2} \approx \frac{N_2}{N_1} = \frac{1}{K}$$

4.2.5 变压器的阻抗变换作用

在电路中，常利用变压器的阻抗变换功能来达到阻抗匹配的目的。

$$|Z_L'| = \frac{U_1}{I_1} = \frac{(N_1/N_2)}{(N_2/N_1)}\frac{U_2}{I_2} = \left(\frac{N_1}{N_2}\right)^2 \frac{U_2}{I_2} = K^2|Z_L|$$

4.2.6 变压器绕组同名端的判别

人们把原绕组、副绕组电位瞬时极性相同的端点称为同极性端，也称同名端，通常用符号"●"表示。已制成的变压器、互感器等设备，通常无法从外观上看出绕组的绕向，若使用时要知道其同名端，可用实验法来测定。

习题

1. 简述变压器的结构。
2. 变压器的原理是什么？
3. 如何判别变压器绕组同名端？

任务4.3 特殊变压器

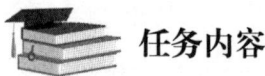

了解自耦变压器、电流互感器和电压互感器等一些特殊变压器的基本结构。

4.3.1 自耦变压器

自耦变压器,是指初级线圈和次级线圈在同一条绕组上的变压器,根据结构还可细分为可调压式和固定式。

自耦变压器是根据电磁感应现象中的自感现象制成的,它的主要作用是调节电压高低。自感电动势原理是指由于通过线圈本身的电流产生变化,使穿过线圈的磁通发生变化而引起线圈两端产生的电动势。因为感应电动势的高低与线圈的匝数成正比,所以整个线圈中的局部绕组产生的电动势一定低于全部绕组产生的电动势。如果把局部绕组和全部绕组分别作为初级线圈和次级线圈,就构成了自耦变压器。同样,改变两部分绕组的匝数比也就改变了电压比。

自耦变压器结构简单,成本低。但是由于自耦变压器的初级线圈、次级线圈在电路上没有实现隔离,安全性能不高。所以在要求使用安全电压的场所,禁止使用自耦变压器。

4.3.2 电流互感器

电流互感器是一种专门用作变换电流的特种变压器。在正常工作条件下,其二次电流实质上与一次电流成正比,而且在连接方向正确时,二次电流对一次电流的相位差接近于零。

电流互感器的工作原理如图4-2所示。互感器的一次绕组串联在电力线路中,线路电流就是互感器的一次电流。互感器的二次绕组外部回路接有测量仪器、仪表和继电保护、自动控制装置。在图4-2中,将串联的低电压装置的电流线圈阻抗以及连接线路的阻抗用一个集中的阻抗Z_b表示。当线路电流,也就是互感器的一次电流变化时,互感器的二次电流也相应变化,并将变化的信息传递给测量仪器、仪表和继电保护、自动控制装置。

根据电力线路电压等级的不同,电流互感器的一次与二次绕组之间设置有足够的绝缘,以保证所有低压设备与高电压隔离。

电力线路中的电流各不相同,通过电流互感器一次与二次绕组匝数比的配置,可以将不同的线路电流变换成较小的标准电流值,一般是5 A或1 A,这样可以减小仪表和继电器的尺寸,简化其规格。所以说电流互感器的主要作用是:给测量仪器、仪表和继电保护、控制装置传递信息;使测量仪器、仪表和继电保护、控制装置与高电压隔离;有利于测量仪器、仪表和继电保护、控制装置小型化、标准化。

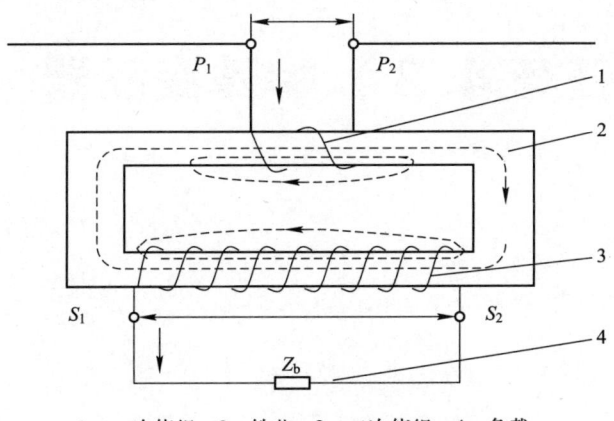

1——次绕组；2—铁芯；3—二次绕组；4—负载。

图 4-2　电流互感器工作原理

4.3.3　电压互感器

电压互感器是用来测高电压的，原边匝数很多，接高压侧；副边匝数很少，接测量仪表和继电器。正常运行时，二次侧电流很小，电压互感器副边近似开路状态，相当于副边空载运行。所以，一旦副边短路，将在副绕组流过很大的短路电流，而烧毁电压互感器。为此，电压互感器副边必须加装熔断器，并可靠接地。

4.3.4　单相照明变压器

单相照明变压器是一种最常见的变压器。它是由铁芯和两个相互绝缘的线圈构成，一般为壳式，通常用来为车间或工厂内部的局部照明灯具提供安全电压，以确保人身安全。这种变压器原边的额定电压有 220 V 和 380 V 两种，副边电压为 36 V。在特殊危险场合使用时，副边电压为 24 V 或 12 V，有的变压器的副边电压为 6 V 左右，专供指示灯使用。

4.3.5　三相变压器

由于现代电力供电系统都采用三相三线制或三相四线制，所以三相变压器的应用很广。所谓三相变压器实质上就是三个容量相同的单相变压器的组合。但三相变压器不但体积比容量相同的单相变压器小，而且重量轻，成本低。

4.3.6　电焊变压器

电弧焊接是在焊条与焊件之间燃起电弧，用电弧的高温使金属熔化进行焊接。电焊变压器就是为满足电弧焊接的需要而设计制造的特殊的变压器。

习题

1. 特殊变压器的种类有哪些？
2. 简述电流互感器的工作原理。

项目5　电路常用仪器仪表实训

项目描述

随着电能应用的不断拓展，各种电气设备广泛进入企事业、社会和家庭生活中，与此同时，使用电气所带来的不安全事故也不断发生。为了实现电气安全，在对电网本身的安全进行保护的同时，更要重视用电的安全问题。因此，学习安全用电基本知识，掌握各类仪器仪表的正确使用方法，掌握常规触电防护技术是保证用电安全的有效途径。多用表是一种常见的多用途仪器，不仅从事电工电子技术的专业人员需要它，广大的业余无线爱好者也需要用它来调试电路和维修仪器。所以正确地选择、使用和简单维修多用表是非常重要的。因此，应对多用表的类型、结构、工作原理、技术指标等有足够的了解。兆欧表在电机、电器和供用电线路中使用，其绝缘性能的好坏对电力设备的正常运行和安全用电起着至关重要的作用。因此，对于怎样选择一只合适的兆欧表来测量相应电力设备的绝缘电阻，以及在测量过程中如何确保人身和设备安全就显得非常重要了。

教学目标

【能力目标】
1. 能正确使用多用表和兆欧表。
2. 学会触电急救措施。
3. 学会探究学习，具备自主探究学习的能力。

【知识目标】
1. 了解多用表的基本知识及注意事项。
2. 掌握数字多用表测量电压、电流的方法。
3. 掌握兆欧表的基本知识及注意事项。
4. 掌握安全用电知识和触电急救方法。

【素质目标】
1. 能够形成自主探究学习的意识。
2. 树立"安全第一"的责任意识，养成遵章守纪的工作作风。

任务 5.1 多用表的使用

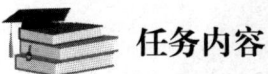

了解多用表的基本知识，了解多用表使用注意事项。

5.1.1 多用表

多用表又称为复用表、万用表、三用表、繁用表等，是电力、电子等部门不可缺少的测量仪表，一般以测量电压、电流和电阻为主要目的。多用表按显示方式分为指针多用表和数字多用表，是一种多功能、多量程的测量仪表，一般多用表可测量直流电流、直流电压、交流电流、交流电压、电阻和音频电平等，有的还可以测量交流电流、电容量、电感量及半导体的一些参数等。

1. 基本释义

多用表是一种带有整流器的，可以测量交流电流、直流电流、电压及电阻等多种电学参量的磁电式仪表。对于每一种电学量，一般都有几个量程。多用表是由磁电系电流表（表头），测量电路和选择开关等组成的。通过选择开关的变换，可方便地对多种电学量进行测量，其电路计算的主要依据是闭合电路欧姆定律。多用表种类很多，使用时应根据不同的要求进行选择。

2. 基本功用

多用表不仅可以用来测量上述电压、电流、电阻等电学量，有的多用表还可以测量晶体管的主要参数以及电容器的电容量等。充分熟练掌握多用表的使用方法是电子技术的最基本技能之一。

3. 分类

多用表按显示方式分为指针式多用表和数字式多用表。

1) 区别

数字式多用表由于内部采用了运放电路，内阻可以很大，往往在 1 MΩ 或更大，这样对被测电路的影响小，测量精度高。

指针式多用表（如图 5-1 所示）由于内阻较小，且多采用分立元件构成分流分压电路。所以频率特性是不均匀的，而数字式多用表的频率特性相对好一点。指针式多用表内部结构简单，所以成本较低，功能较少，维护简单，过流过压能力较强。

数字式多用表（如图 5-2 所示）内部采用了多种振荡、放大、分频保护等电路，所以功能较多，如可以测量温度、频率（在一个较低的范围）、电容、电感，还可以做信号发生器。

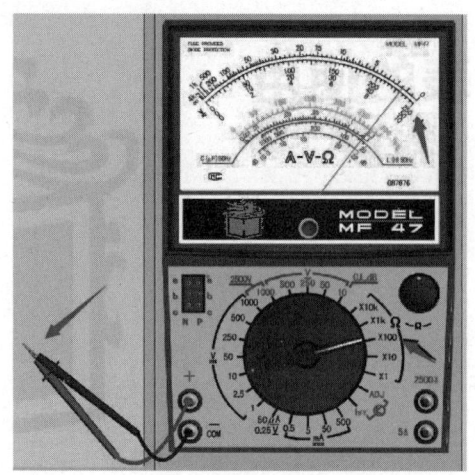

图 5-1 指针式多用表

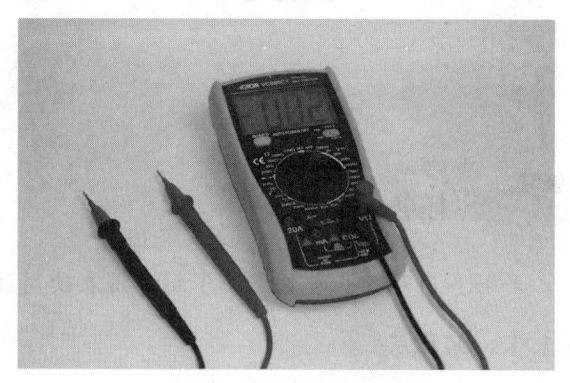

图 5-2 数字式多用表

数字式多用表由于内部结构多用集成电路,所以过载能力较差,损坏后一般也不易修复。数字式多用表输出电压较低(通常不超过 1 V),对于一些电压特性特殊的元件(如可控硅、发光二极管等)的测试不便。而指针式多用表输出电压较高,电流也大,可以方便地测试可控硅、发光二极管等。

对于初学者应当使用指针式多用表。

2) 选用原则

指针式多用表读取精度较差,但指针摆动的过程比较直观,其摆动速度、幅度有时也能比较客观地反映被测量的大小;数字式多用表读数直观,但数字变化的过程看起来很杂乱,不太容易观看。

指针式多用表内一般有两块电池,一块是低电压的(1.5 V),一块是高电压的(9 V 或 15 V)。指针式多用表的黑表笔相对红表笔来说是正端。数字式多用表则常用一块 6 V 或 9 V 的电池,在电阻挡,指针式多用表的表笔输出电流相对数字式多用表的来说要大很多,用"R×1"挡可以使扬声器发出响亮的"哒"声,用"R×10k"挡甚至可以点亮发光二极管(LED)。

在电压挡,指针式多用表内阻相对数字式多用表的来说比较小,测量精度比较差,某些高电压微电流的场合甚至无法测准,因为其内阻会对被测电路造成影响(如在测老式电视机显像管的加速级电压时测量值会比实际值低很多)。数字式多用表电压挡的内阻很大,至少在兆欧级,对被测电路影响很小。但极高的输出阻抗使其易受感应电压的影响,在一些电磁干扰比较强的场合测出的数据可能是虚的。

总之,在相对来说大电流高电压的模拟电路测量中适合使用指针式多用表,如电视机、音响功放。在小电流低电压的数字电路测量中适合使用数字式多用表,如手机等。

3) 结构组成

多用表由表头、测量电路及转换开关组成。

指针式多用表的表头是灵敏电流计,表头上的表盘印有多种符号、刻度线和数值,符号"A-V-Ω"表示这只电表是可以测量电流、电压和电阻的多用表。指针式多用表的主要性能指标取决于表头的性能。表头的灵敏度是指表头指针满刻度偏转时流过表头的直流电流值,这个值越小，表头的灵敏度越高。测电压时的内阻越大，其性能就越好。表头上有四条刻度线，它们的功能如下：第一条（从上到下）标有"R"或"Ω"，指示的是电阻值，转换开关在欧姆挡时，即读此条刻度线。第二条标有"~"和"VA"，指示的是交流、直流电压和直流电流值，当转换开关在交流、直流电压或直流电流挡，量程在除交流电压值10 V以外的其他位置时，即读此条刻度线。第三条标有"10 V"，指示的是10 V的交流电压值，当转换开关在交、直流电压挡，量程在交流10 V时，即读此条刻度线。第四条标有"dB"，指示的是音频电平。

数字式多用表的表头一般由一个A/D（模拟/数字）转换芯片+外围元件+液晶显示器组成，数字式多用表的精度受表头的影响。最常用的A/D芯片是ICL7106（3位半LCD手动量程经典芯片，后续版本为7106A、7106B、7206、7240等），ICL7129（4位半LCD手动量程经典芯片），ICL7107（3位半LED手动量程经典芯片）。

测量线路是用来把各种被测电学量转换成适合表头测量的微小直流电流的电路，它由电阻、半导体元件及电池组成。它能将各种不同的被测电学量（如电流、电压、电阻等）、不同的量程，经过一系列的处理（如整流、分流、分压等）统一变成一定量限的微小直流电流送入表头进行测量。

转换开关是一个多挡位的旋转开关，一般是一个圆形拨盘，在其周围分别标有功能和量程。它的作用是用来选择各种不同的测量线路，以满足不同种类和不同量程的测量要求。一般的多用表测量项目包括："mA"——直流电流、"V（-）"——直流电压、"V（~）"——交流电压、"Ω"——电阻，每个测量项目又划分为几个不同的量程以供选择。

5.1.2 多用表使用注意事项

在电气设备的运行维护中，多用表使用十分频繁，但因为使用不当或疏忽大意往往会造成测量错误或仪表损坏事故，因此，必须学会使用多用表，并养成沉着、小心，正确操作的良好习惯。

多用表长期不用时，要把电池取出，以防电池变质渗液，使仪器损坏。

1) 指针式多用表使用禁止操作事项

（1）使用前认真阅读产品说明书，充分了解多用表的性能，正确理解标度盘上各种符号和字母含义及各标度尺的读法，了解并熟悉转换开关等部件的作用和使用方法。

（2）多用表应水平放置，应避开强大的磁场区（例如，与发电机、电动机、汇流排等保持一定距离），保持清洁、干燥并且不得受振、受热和受潮。

（3）测量前，应根据被测项目（如电压或电阻等）将转换开关拨到合适的位置；检查指针是否指在机械零位上，如果不在零位，应调到零位。

（4）接线应正确，表笔插入表孔时，应将红表笔的插头插入"+"孔，黑表笔的插头插入"-"孔；拿表笔时，手指不得触碰表笔金属部位，以保证人身安全和测量准确。

（5）量程的选择，应尽量使指针偏转到标度尺满刻度的2/3附近。如果事先无法估计被测量的大小，可在测量中从最大量程挡逐渐减小到合适的挡位；调节量程时，用力不得过大，以免打在其他量程上而损坏电表；每次拿起表笔准备测量时，一定要再校对一下测量项目，核查量程是否拨对、拨准。

（6）测试时，表笔应与被测部位可靠接触；若测试部位的导体表面有氧化膜、污垢、焊油、油漆等，应将其除去，以免接触不良而产生测量误差。

（7）开关转到电流挡时，两支表笔应跨接在电源上，以防烧毁万用表；每次测量完毕，应将转换开关置于空挡或最高电压挡，不可将开关置于电阻挡，以免两支笔为其他金属短接而耗尽表内电池或因误接而烧毁电表。

（8）测量时，切不可错旋选择开关或插错插口。

（9）测量时，要根据选好的测量项目和量程挡，明确应在哪一条标度尺上读数，并应了解标度尺上一个小格代表多大数值。读数时目光应与表面垂直，不要偏左、偏右，否则，读数将有误差。精密度较高的多用表，在表面的标度尺下有弧形反射镜，当看到指针与镜中的影子重合时，读数最准确。一般情况下，除了应读出整数值外，还要根据指针的位置再估计读取一位小数。

（10）变换测量范围时，要另外调整零点，然后进行测量；表内电池的电量一旦消耗过度，要及时更换电池。

2）数字式多用表在使用中的注意事项

（1）数字式多用表的损坏在大多数情况下是因测量挡位错误造成的，例如，在测量交流电时，测量挡位选择置于电阻挡，这种情况下表笔一旦接触电，瞬间即可造成多用表内部元件损坏。因此，在使用多用表测量前一定要先检查测量挡位是否正确。

（2）在使用完毕后，将测量选择置于交流 750 V 或者直流 1 000 V 处，这样在下次测量时无论误测什么参数，都不会引起数字式多用表损坏。

（3）数字式多用表的直流电压上限量程为 1 000 V，因此测量直流电压时，最高电压值在 1 000 V 以下，一般不会损坏多用表。如果超出 1 000 V，则很有可能造成多用表损坏。但是，不同的数字式多用表的可测量电压上限值可能有所不同。如果测量的电压超出量程，可采取电阻降压的方法加以测量。另外，在测量 400~1 000 V 的直流高电压时，表笔与测量处一定要接触好，不能有任何抖动，否则，除了可能会造成多用表损坏而使测量不准确外，严重时还可使多用表无任何显示。

（4）在测量电流时如果实际电流值超过量程，一般仅引起多用表内的保险丝烧断，不会造成其他损坏。测量时应使用正确的插孔、功能挡和量程，测量电流时，多用表应串联在被测电路中，且红表笔应靠近电源正极一边。

（5）在测量电阻时，应注意一定不要带电测量。

 习题

数字式多用表使用时的注意事项有哪些？

任务 5.2　电流与电压的参数测量

任务内容

掌握数字式多用表测量电压、电流的方法。

在使用数字式多用表前,应认真阅读有关的使用说明书,熟悉电源开关、量程开关、插孔、特殊插口的作用。

数字式万用表使用过程中应注意以下几点:

(1) 将"ON/OFF"开关置于"ON"的位置,检查 9 V 电池,如果电池电压不足,将显示在显示屏上,这时则需要更换电池。

(2) 测试笔插孔旁边的符号,表示输入电压或电流不应超过的指示值,这是为了保护内部线路免受损伤。

(3) 测试之前,功能开关应置于所需要的量程。

5.2.1　数字式多用表测量电压

1. 直流电压测量方法

(1) 将黑表笔插入"COM"插孔,红表笔插入"V/Ω"插孔。

(2) 将功能开关置于直流电压挡"V~"量程范围,并将测试表笔连接到待测电源(测开路电压)或负载上(测负载电压降),红表笔所接端的极性将同时显示在显示器上。

如果在使用数字式多用表时不知道被测电压范围,应该将功能开关置于最大量程并逐渐下降。如果显示器只显示"1",表示超过量程,功能开关应置于更高量程。"⚡"表示不要测量高于 1 000 V 的电压,否则会损坏内部线路。当测量高电压时,要格外注意避免触电。

2. 交流电压测量方法

(1) 将黑表笔插入"COM"插孔,红表笔插入"V/Ω"插孔。

(2) 将功能开关置于交流电压挡"V~"量程范围,并将测试笔连接到待测电源或负载上。测量交流电压时,没有极性显示。

数字式多用表在使用时参看直流电压注意事项。"⚡"表示不要输入高于 700 V 的有效电压,否则会损坏内部线路。

5.2.2　数字式多用表测量电流

1. 直流电流测量方法

(1) 将黑表笔插入"COM"插孔,当测量最大值为 200 mA 的电流时,红表笔插入"mA"插孔,当测量最大值为 20 A 的电流时,红表笔插入"20 A"插孔。

(2) 将功能开关置于直流电流挡"A"量程,并将数字式多用表串联接到待测负载上,电流值显示的同时，将显示红表笔的极性。

数字式多用表在使用时如果使用前不知道被测电流范围，将功能开关置于最大量程并逐渐下降。如果显示器只显示"1"，表示超过量程，功能开关应置于更高量程。最大输入电流为"200 mA"时，过量的电流将烧坏保险丝，应再更换，"20 A"量程无保险丝保护，测量时不能超过 15 s。

2. 交流电流测量方法

（1）将黑表笔插入"COM"插孔，当测量最大值为 200 mA 的电流时，红表笔插入"mA"插孔，当测量最大值为 20 A 的电流时，红表笔插入"20 A"插孔。

（2）将功能开关置于交流电流挡"A～"量程，并将测试表笔串联接入待测电路。

数字式多用表测量直流交流电流的注意事项如下。

（1）在"10 A"挡不能测量大于 10 A 的电流；在"μA"和"mA"挡不能测量大于 400 mA 的电流，否则可能烧断保险丝并有可能损坏仪表。

（2）测量大电流时，每次测量时间不能超过 10 s，每次测量的间隔时间要大于 15 min。

（3）测量完成后，要立即断开表笔与被测电路的连接。

习题

数字式多用表测量直流电压时的注意事项有哪些？

任务 5.3 兆欧表的使用

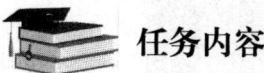
任务内容

掌握兆欧表的基本知识，了解兆欧表使用时的注意事项。

5.3.1 兆欧表基本知识

兆欧表又称为摇表、绝缘电阻测试仪，是一种简便、常用的测量高电阻的直读式仪表，可用来测量电路、电机绕组、电缆、电气设备等的绝缘电阻。在电机、电器和供用电线路中，它们绝缘性能的好坏对电力设备的正常运行和安全用电起着至关重要的作用。而说明其绝缘材料性能的重要参数是它们本身的绝缘电阻值的大小，绝缘电阻值越大其绝缘性能越好，电力设备线路也就越安全。兆欧表正是一种最常用于测量绝缘电阻的仪表，因此对于怎样选择一只合适的兆欧表来测量相应电力设备或线路的绝缘电阻，以及在测量过程中如何确保人身和设备安全就显得非常重要了。

1. 兆欧表的选择

选择一只合适的兆欧表，对测量结果的准确性和正确分析电气设备的绝缘性能以及安全状况非常重要，因此来不得半点马虎，必须认真对待。对于兆欧表的选取，通常从选择兆欧表的电压和测量范围这两方面来考虑。

2. 选择兆欧表电压的原则

选择兆欧表电压的原则是：其额定电压一定要与被测电力设备或线路的额定电压相适应。电压高的电力设备或线路，对绝缘电阻值要求大一些，须使用电压高的兆欧表来测量；而电压低的电力设备或线路，它内部所能承受的电压不高，为了设备安全，测量绝缘电阻时就不能用电压太高的兆欧表。

3. 测量前对兆欧表的检查

在兆欧表未接上任何导线或被测物时摇动手柄到额定转速，检查指针是否指在刻度"∞"位置，然后再将其线路"L"、接地"E"的接线柱短接，缓慢转动发电机手柄，检查指针是否指在"0"刻度处（没有零分度线的兆欧表除外）。如果指针不能指到"∞"或"0"刻度处，则说明兆欧表已坏，故而不能得出正确的测量结果，必须停止使用（如图 5-3 所示）。

4. 兆欧表的正确接线

一般兆欧表上有三个接线柱（如图 5-4 所示），一个为线接线柱，标号为"L"；一个为地接线柱，标号为"E"；一个为保护或屏蔽接线柱，标号为"G"。在测量时，线接线柱与被测设备上和大地绝缘的导体部分相接，地接线柱与被测设备的外壳或其他导体部分相接。使用时不仅要接线正确，还要将端钮拧紧。

图 5-3 兆欧表指针指示

图 5-4 兆欧表的接线柱

一般在测量时只用线接线柱和地接线柱,但当被测设备表面漏电严重、对测量结果影响较大而又不易消除时(如空气太潮湿,绝缘材料的表面受到浸蚀而又不能擦干净)就必须连接屏蔽接线柱。同时在接线时还须注意不能使用双股线,应使用绝缘良好且不同颜色的单根导线,尤其对于连接屏蔽接线柱的导线必须具有良好绝缘性。

5. 测量和读数

在测量时应先将兆欧表平稳放置、匀速转动兆欧表的手柄,使它的速度保持在额定的转速范围内(一般为 125~138 r/min),切忌忽快忽慢。

由于被测设备的绝缘电阻是随着测量时间的长短而有所不同的,通常采用恒定转速在一分钟后才开始读数,当遇到电容量特别大的被测物体时,一定要等到指针稳定不变时才能读数和记录。

如果工作需要,还应记录测量时的环境温度和气候条件以及所用兆欧表的电压等级、测量范围、被测设备的状况等,以便进行结果分析。

5.3.2 兆欧表使用安全注意事项

在实际工作中使用兆欧表测量绝缘电阻时,往往工作场所比较复杂,四周存在有许多带电运行的高低压设备以及对被测设备性能特点认识不足等危险源,如果不认真对待,在测量绝缘电阻时将会对人身和设备的安全带来严重危害,必须十分小心。

兆欧表使用安全注意事项如下。

(1)测量前先将兆欧表进行一次开路和短路试验,检查兆欧表是否正常。具体操作为:将两连接线开路,摇动手柄指针指在无穷大处,再把两连接线短接一下,指针应指在零处。

(2)被测设备必须与其他电源断开,测量完毕一定要将被测设备充分放电(2~3 min),以保护设备及人身安全。

(3)兆欧表与被测设备之间应使用单股线分开单独连接,并保持线路表面清洁干燥,避免因线与线之间绝缘不良引起误差。

(4)摇测时,将兆欧表置于水平位置,摇把转动时其端钮间不许短路。摇测电容器、电缆时,必须在摇把转动的情况下才能将接线拆开,否则反充电将会损坏兆欧表。

(5)摇动手柄时,应由慢渐快,均匀加速到 120 r/min,并注意防止触电。摇动过程中,当出现指针已指零时，就不能再继续摇动了，以防表内线圈发热损坏。

（6）为了防止被测设备表面泄漏电阻，使用兆欧表时，应将被测设备的中间层（如电缆壳芯之间的内层绝缘物）接于保护环。

（7）应视被测设备电压等级的不同选用合适的绝缘电阻测试仪。一般额定电压在 500 V 以下的设备，选用 500 V 或 1 000 V 的兆欧表；额定电压在 500 V 及以上的设备，选用 1 000~2 500 V 的兆欧表。量程范围的选用一般应注意不要使其测量范围过多地超过所测设备的绝缘电阻值，以免使读数产生较大的误差。

（8）禁止在雷电天气或在邻近有带高压电导体的设备处使用兆欧表测量。

任务 5.4　安全用电常识（二）

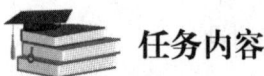　任务内容

了解安全用电内容和触电事故特点，掌握触电急救措施。

5.4.1　安全用电的意义

为了实现电气安全，对电网本身的安全进行保护的同时，更要重视用电的安全问题。因此，学习安全用电基本知识，掌握常规触电防护技术，是保证用电安全的有效途径。

电气危害有两个方面：一方面是对系统自身的危害，如短路、过电压、绝缘老化等；另一方面是对用电设备、环境和人员的危害，如触电、电气火灾、电压异常升高造成用电设备损坏等，其中尤以触电和电气火灾危害最为严重。触电可直接导致人员伤残、死亡。另外，静电产生的危害也不能忽视，它是电气火灾的原因之一，对电子设备的危害也很大。

不懂得安全用电知识就容易造成触电身亡、电气火灾、电器损坏等意外事故，所以，"安全用电，性命攸关"。

5.4.2　触电事故的特点

触电是指人体触及带电体后，电流对人体造成的伤害。触电事故分两大类，一类是电击，另一类是电伤。电击是电流直接通过人体产生的伤害。

触电事故有以下几个特点：

（1）触电事故原因大多是由于缺乏安全用电知识或不遵守安全技术要求，违章作业所致的。

（2）触电事故的发生有明显的季节性。一年中春、冬两季触电事故较少，夏、秋两季，特别是六、七、八、九这4个月中，触电事故特别多。其主要原因不外乎气候炎热，多雷雨，空气中湿度大，这些因素降低了电气设备的绝缘性能，人体也因炎热多汗，皮肤接触电阻变小，衣着单薄，身体暴露部分较多，大大增加了触电的可能性，一旦发生触电，便有较大强度的电流通过人体，产生严重后果。

（3）低压工频电源的触电事故较多。据统计，此类电源所引起的事故占总数的90%以上。低压设备较高压设备应用广泛，人们接触的机会较多，再者人们习惯称220~380 V的交流电源为"低压"，好多人不够重视，丧失警惕，因此容易引起触电事故。

5.4.3　电流对人体的伤害

通过人体的电流越大，人体的生理反应就越明显，感应就越强烈，引起心室颤动所需的时间就越短,致命的危害就越大。按照通过人体电流的大小和人体所呈现的不同状态,工频交流电大致分为下列三种。

(1)感知电流:引起人有感觉的最小电流。

(2)摆脱电流:人触电后能自行摆脱带电体的最大电流。

(3)致命电流:通过人体引起心室发生纤维性颤动的最小电流。

5.4.4 触电急救

1. 脱离电源

触电急救,首先要使触电者迅速脱离电源,越快越好。因为电流作用的时间越长,伤害越重。

2. 脱离电源后的处理

1)伤员的应急处置

触电伤员如神志清醒者,应使其就地躺平,严密观察,暂时不要站立或走动。触电伤员如神志不清,应就地仰面躺平,且确保气道通畅,禁止摇动伤员头部呼叫伤员。

2)判断呼吸、心跳情况

(1)看。伤员的胸部、腹部有无起伏。

(2)听。用耳贴近伤员的口鼻处,听有无呼吸声。

(3)试。先测试口鼻有无呼吸的气流,再用两手指轻试一侧(左或右)喉结旁凹陷处的颈动脉有无搏动。

3. 心肺复苏法

1)通畅气道

确保口腔无异物,如图5-5所示,如果发现伤员口腔内有异物,可将其身体及头部同时侧转,迅速用一个手指或用两手指交叉从口角处插入,取出异物(操作中要注意防止将异物推到咽喉深部,应采用仰头抬颌法通畅气道,如图5-6所示)。

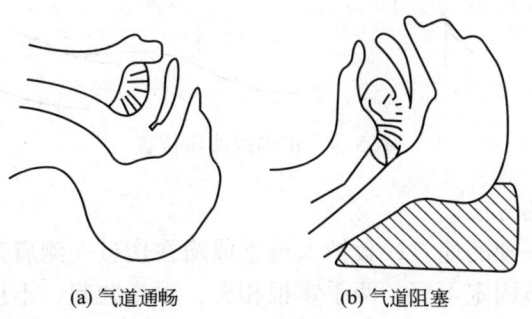

(a)气道通畅　　　(b)气道阻塞

图5-5　气道状况

2)口对口(鼻)人工呼吸

救护人员用手指捏住伤员鼻翼,深吸气后,与伤员口对口在不漏气的情况下,连续大口吹气两次,每次1~1.5 s,如图5-7所示。如两次吹气后试测颈动脉仍无搏动,可判定心跳已经停止,要立即同时进行胸外按压。

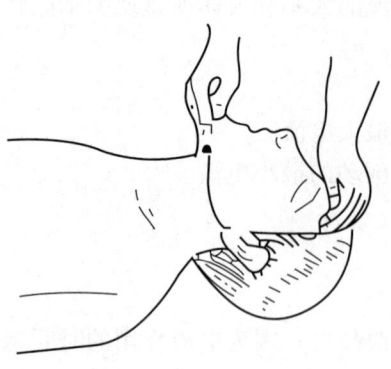

图 5-6 仰头抬颌法

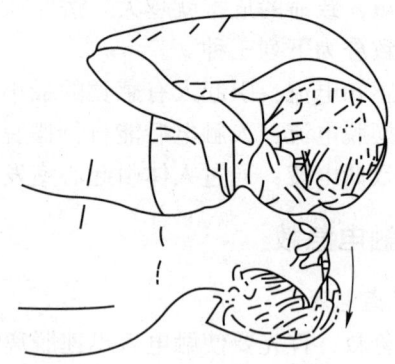

图 5-7 口对口人工呼吸

注意：

① 吹气和放松时要观察伤员胸部有无起伏的呼吸动作。

② 触电伤员如牙关紧闭，可口对鼻人工呼吸。口对鼻人工呼吸吹气时，要将伤员嘴唇紧闭，防止漏气。

3）胸外按压

（1）胸外按压正确的按压位置。

右手的食指和中指找到肋骨和胸骨接合处的中点；另一只手的掌根紧挨食指上缘，置于胸骨上，即为正确的按压位置（如图 5-8 所示）。

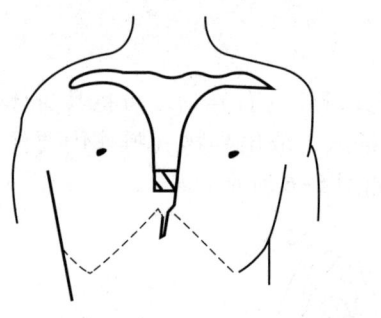 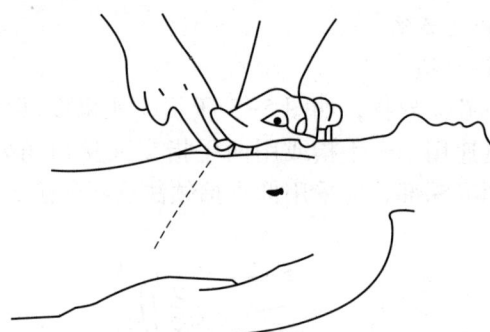

图 5-8 正确的按压位置

（2）胸外按压正确的方法。

触电伤员仰面躺在平硬的地方，救护人员立或跪在伤员一侧肩旁，两肩位于伤员胸骨正上方，两臂伸直，肘关节固定不屈，两手掌根相叠，手指翘起，不接触伤员胸壁。

以髋关节为支点，利用上身的重力，垂直将正常成人胸骨压陷 3~5 cm（儿童和瘦弱者酌减）；压至要求程度后，立即全部放松，但放松时救护人员的掌根不得离开胸壁。

 习题

触电事故分为几类？有哪些特点？

项目6　半导体二极管认知

项目描述

二极管是用半导体材料（硅、硒、锗等）制成的一种半导体元件。它具有单向导电性能，即给二极管阳极和阴极加上正向电压时，二极管导通，当给阳极和阴极加上反向电压时，二极管截止。因此，二极管的导通和截止，则相当于开关的接通与断开。

二极管是最早诞生的半导体元件之一，其应用非常广泛。特别是在各种电子电路中，利用二极管和电阻、电容、电感等元件进行合理的连接，构成不同功能的电路，可以实现对交流电整流，对调制信号检波、限幅和钳位，以及对电源电压的稳压等多种功能。无论是在家用电器电路还是工业控制电路中，都可以找到二极管的踪迹。

教学目标

【能力目标】
1. 学会分析二极管单向导电的电路图。
2. 学会用万用表测量二极管的极性与好坏。
3. 学会探究学习，具备自主探究学习的能力。

【知识目标】
1. 了解本征半导体、P型半导体和N型半导体的特征。
2. 了解PN结的形成过程，掌握PN结的单向导电性。
3. 掌握整流电路、滤波电路、稳压电路的特点。
4. 了解特殊二极管的特点与应用场合。

【素质目标】
1. 接受电子知识的能力。
2. 树立"用电安全"的责任意识，养成遵章守纪习惯。

任务 6.1　半导体二极管的基本知识

任务内容

了解半导体基础知识，掌握二极管的结构、种类，熟悉二极管的测量方法。

6.1.1　半导体基础知识

物质按导电能力的强弱可分为导体、绝缘体和半导体三大类：导电能力很强的物质称为导体，如铜、铝等金属；导电能力很弱的物质称为绝缘体，如塑料、玻璃等；导电能力介于导体和绝缘体之间的物质称为半导体。常用的半导体材料是硅（Si）和锗（Ge），其中使用最为广泛的是硅。

1. 本征半导体

本征半导体就是纯净的不含杂质的半导体。常用的半导体材料硅（Si）和锗（Ge）都是晶体。硅和锗都是四价元素，它们的原子最外层轨道上都有四个价电子，如图 6-1 所示。

大量的半导体原子集合到一起，各原子间形成有序的排列，相邻原子是以共价键的形式结合起来的。在热力学温度为零开（0 K，相当于 -273.15 ℃）时，由于每个价电子都被共价键束缚，不能自由移动。这时本征半导体是不导电的，相当于绝缘体。如图 6-2 所示。

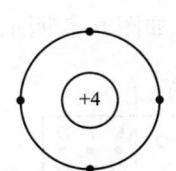

图 6-1　硅和锗原子结构简化模型图

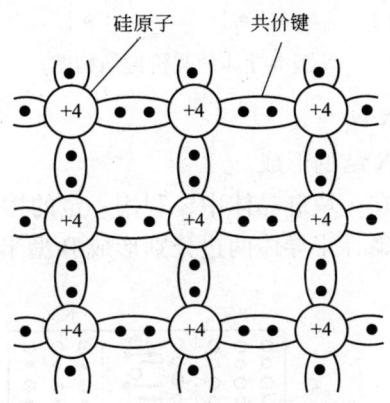

图 6-2　本征半导体晶体结构图

在室温下，本征半导体中的价电子从外界获取能量挣脱共价键束缚成为自由电子，同时在原来的位置上产生一个价电子空位，这种价电子空位称为"空穴"。在本征半导体中，自由电子和空穴是成对出现的，被称为电子空穴对，这一现象称为本征激发。电子带负电，空穴带正电，统称为载流子。本征激发出来的自由电子在运动过程中，也会再回到共价键位置上填补空穴，使电子空穴对消失，这一过程称为复合。由于本征激发产生的电子空穴对数目很少，载流子浓度很低，所以导电性很弱。

2. 杂质半导体

在本征半导体中掺入微量的三价元素或五价元素，其导电能力将大大提高（提高几十万倍以上），这种半导体称为杂质半导体。例如，在本征半导体硅中掺入微量的五价元素磷，它用四个价电子与相邻四个硅原子组成共价键后，还剩余一个电子，这个电子不受共价键束缚，成为自由电子，如图 6-3 所示。在掺入磷的硅半导体中，自由电子的数量大大多于空穴数量，电子成为多数载流子，简称多子；空穴成为少数载流子，简称少子。由于这种杂质半导体主要靠自由电子进行导电，所以称为电子型半导体，简称 N 型半导体。

在本征半导体硅中掺入微量的三价元素硼，由于硼原子只有三个价电子，当它与相邻的四个硅原子组成共价键时，就缺少一个价电子，形成一个空穴。在掺入硼原子的硅半导体中，空穴的数量大大超过了自由电子的数量，如图 6-4 所示。空穴是多数载流子，电子是少数载流子，由于这种杂质半导体主要靠空穴进行导电，所以称为空穴型半导体，简称 P 型半导体。

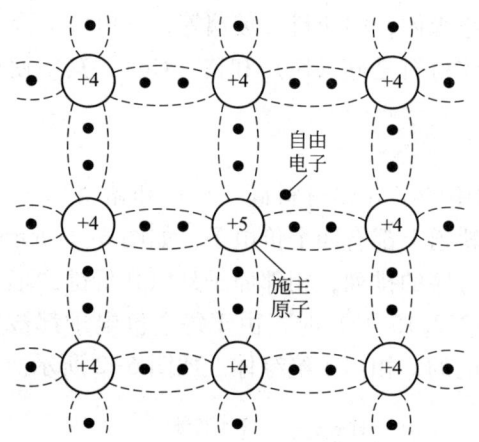

图 6-3　N 型半导体的共价键结构图

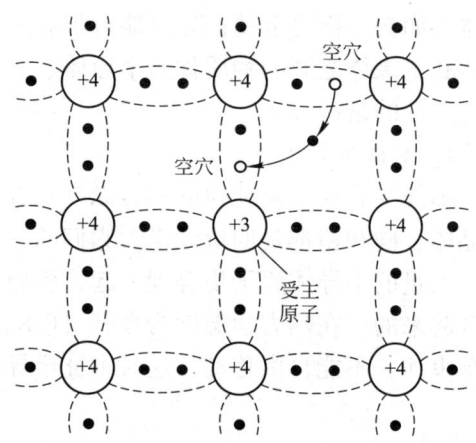

图 6-4　P 型半导体的共价键结构图

3. PN 结

1）PN 结的形成

如果在一块硅晶体中，利用一定的掺杂工艺，分别在一边掺入三价元素硼，另一边掺入五价元素磷，半导体两边分别形成 P 型半导体和 N 型半导体，如图 6-5 所示。

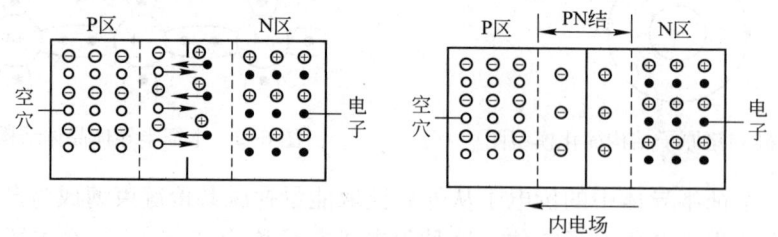

图 6-5　PN 结的形成

由于空穴浓度左边 P 区远大于右边 N 区，电子浓度右边 N 区远大于左边 P 区，这种载流子的浓度差，必然引起各自的多子向对方扩散，P 区的空穴向 N 区扩散，N 区的电子向 P

区扩散。又由于在扩散运动中载流子的复合作用,所以在交界面处形成了不能移动的正、负离子,P区留下了带负电的负离子,N区留下了带正电的正离子,形成了空间电荷区,建立了PN结电场,方向由N区指向P区。该电场随着扩散运动的进行而不断增强,即空间电荷区不断变宽,该电场称为内电场。内电场的建立会产生两方面的影响,一方面阻碍多子扩散运动,另一方面会加强P区中电子和N区中空穴向对方漂移,当多子扩散运动和少子漂移运动达到动态平衡时,这个空间电荷区的宽度不再变化,这时的空间电荷区称为PN结,空间电荷区也称为耗尽层或势垒层。

2) PN结单相导电性

PN结具有单向导向性。如图6-6所示。

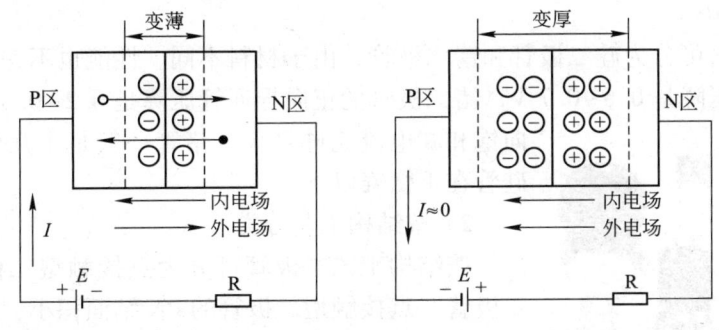

图6-6 PN结单向导电性

当PN结外加正向电压时,即外电源的正极接P区,负极接N区,在半导体内形成了一个电场,称为外加电场,方向由P区指向N区。在外电场的作用下,P区的空穴和N区的电子向对方区域运动,当空穴与电子达到空间电荷区后,使P区中的负离子和N区中的正离子变少,空间电荷区变窄,削弱了内电场,破坏了原来的动态平衡,多数载流子的扩散运动加剧,形成较大的扩散电流。在外电源作用下,电流得以维持。此时PN结处于导通状态。导通时,PN结相当于一个较小的电阻。

当PN结外加反向电压时,即外电源的正极接N区,负极接P区,由于外电场与内电场方向一致,加强了内电场。在内电场作用下,P区中电子和N区中空穴向空间电荷区运动,破坏了原有的动态平衡,使PN结变宽,内电场加强,削弱了多数载流子的扩散运动,少数载流子的漂移运动加剧。由于少数载流子的数目很少,最终形成的漂移电流很小,几乎为零,即加反向电压时PN结几乎不导电,此时PN结处于截止状态,截止时,PN结相当于一个很大的电阻。

PN结外加正向电压时,有较大的电流通过,导通状态;外加反向电压时,几乎没有电流通过,呈截止状态。这就是PN结的基本特性——单向导电性。

6.1.2 晶体二极管

1. 二极管结构与符号

在PN结芯片的P区和N区加上相应的电极引线,再用外壳封装,就构成了晶体二极管,简称二极管,其基本结构如图6-7(a)所示。P区引出的电极为二极管的正极,N区引出的电极为二极管的负极。二极管通常用塑料、玻璃或金属材料作为封装外壳,外壳上印有标记以便区分正、负电极。二极管的电路符号如图6-7（b）所示，箭头的一边是正极，另一边是负极，而箭头所指方向是电流方向，通常用符号VD表示二极管。

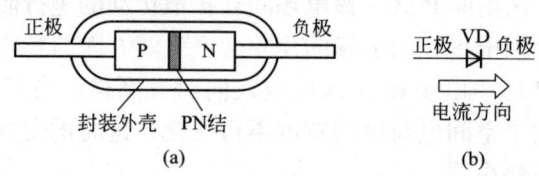

图6-7　二极管结构与符号

2. 二极管种类

1）按材料分类

二极管按材料可分为硅二极管和锗二极管，由于材料不同，性能也不完全相同。硅二极管的正向导通管压降是0.6~0.7 V，锗二极管的正向导通管压降是0.2~0.3 V。而锗管的反向饱和漏电流比硅管大，锗管一般是十几到几百微安，而硅管在1微安以下。

2）按结构工艺分类

按结构工艺二极管可分为点接触型二极管和面接触型二极管。点接触型二极管的PN结面积小，只能承受很小的电流，一般用于高频的检波和二极管。而面接触型二极管的PN结面积较大，能承受比较大的正向电流和反向电压，且性能较为稳定，一般常用在低频整流电路中。

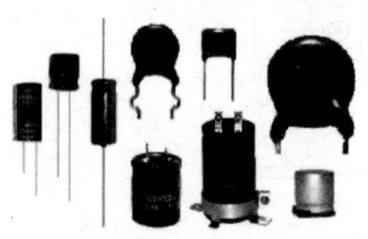

图6-8　常用二极管外形

3）按用途分类

二极管按用途可分为普通二极管、整流二极管、开关二极管、稳压二极管、发光二极管、检波二极管、光电二极管、变容二极管等。

3. 二极管的主要参数

1）额定正向工作电流

额定正向工作电流是指二极管长期连续工作时允许通过的最大正向电流值。因为电流通过管子时会使管芯发热，温度上升，温度超过容许限度（硅管为140 ℃左右，锗管为90 ℃左右）时，就会使管芯过热而损坏。所以，二极管使用过程中不要超过二极管额定正向工作电流值。例如，常用的1N4001型锗二极管的额定正向工作电流为1 A。

2）最大浪涌电流

最大浪涌电流是二极管允许流过的过量的正向电流，它不是正常电流，而是瞬间电流，这个值通常为额定正向工作电流的20倍左右。

3）最高反向工作电压

加在二极管两端的反向电压高到一定值时，二极管将会被击穿，失去单向导电能力。为了保证使用安全，必须规定最高反向工作电压。例如，1N4001型二极管反向工作电压为50 V，1N4007型的反向工作电压为1 000 V。

4）反向电流

反向电流是指二极管在规定的温度和最高反向电压作用下，流过二极管的反向电流。反向电流越小，管子的单方向导电性能越好。值得注意的是反向电流与温度有着密切的关系，大约温度每升高 10 ℃，反向电流增大一倍。例如，2AP1 型锗二极管，在 25 ℃时，反向电流为 250 μA；温度升高到 35 ℃，反向电流将上升到 500 μA；在 75 ℃时，反向电流上升到 8 mA，不仅失去了单方向导电特性，还会使管子过热而损坏。硅二极管比锗二极管在高温下具有较好的稳定性。

5）反向恢复时间

从正向电压变成反向电压时，理想情况是电流能瞬时截止，实际上，一般要延迟一点点时间。决定电流截止延时的时间，就是反向恢复时间。虽然它直接影响二极管的开关速度，但不一定说反向恢复时间短就好。

6）最大功率

最大功率就是加在二极管两端的电压乘以流过的电流，这个极限参数对稳压二极管等特别重要。

4. 二极管的型号与识别测量

1）二极管的型号

二极管品种很多，每种二极管都有一个型号，国产二极管的型号由五部分组成。第一部分是数字"2"，表示二极管。第二部分是用拼音字母表示二极管的材料，"A"为 N 型锗管，"B"为 P 型锗管；"C"为 N 型硅管，"D"为 P 型硅管。第三部分是用拼音字母表示二极管的类型，"P"为普通管，"Z"为整流管，"K"为开关管，"W"为稳压管。第四部分用数字表示器件的序号，序号不同的二极管其特性不同。第五部分用拼音字母表示规格号，序号相同、规格号不同的二极管特性差别不大，只是某个或某几个参数有所不同，例如，2AP1 是 N 型锗材料制成的普通二极管，2CZ11D 是 N 型硅材料制成的整流管。

目前，市面上最常见的是使用国外晶体管型号命名方法的二极管，如 1N4001、1N4004、1N4148 等，这类二极管采用的是美国电子工业协会半导体器件的命名法，凡型号以"1N"开头的二极管都是美国制造的，或以美国专利在其他国家制造的产品，"1N"后面的数字表示该元件在美国电子工业协会登记的顺序号。

而日本进口的彩色电视机等电器中，二极管的型号则是以"1S"开头，如 1S1885，第一部分"1"表示二极管；第二部分"S"表示日本电子工业协会注册产品；第三部分的数字表示在日本电子工业协会注册登记的序号。登记序号的数字越大，产品越新。

2）二极管的识别测量

二极管的识别很简单：小功率二极管的负极通常在表面用一个色环标出；有些二极管也采用"P""N"符号来确定二极管极性，"P"表示正极，"N"表示负极；金属封装二极管通常在表面印有与极性一致的二极管符号；发光二极管则通常用引脚长短来识别正负极，长脚为正，短脚为负。

整流桥的表面通常标注内部电路结构或者交流输入端以及直流输出端的名称，交流输入端通常用"AC"或者"～"表示，直流输出端通常以"+"符号表示。

贴片二极管由于外形多种多样，其极性也有多种标注方法：在有引线的贴片二极管中，管体有白色色环的一端为负极；在有引线而无色环的贴片二极管中，引线较长的一端为正极；在无引线的贴片二极管中，表面有色带或者有缺口的一端为负极。

使用晶体管图示仪可对二极管质量进行较准确的观测，但由于晶体管图示仪价格昂贵，体积笨重,搬动不方便,使用前还需要通电预热,因此在一般情况下多采用多用表来检查二极管的质量或判别正、负极。

将多用表拨到"R×100"或"R×1k"挡,此时多用表的红表笔接的是表内电池的负极,黑表笔接的是表内电池的正极。因此当黑表笔接至二极管的正极、红表笔接至二极管的负极时为正向连接。具体的测量方法是:将万用表的红、黑表笔分别接在二极管两端,如图6-9(a)所示;如果测得电阻比较小(几千欧姆以下),再将红、黑表笔对调后连接在二极管两端,如图6-9(b)所示;如果测得的电阻比较大(几百千欧姆以下),说明二极管具有单向导电性,质量良好。

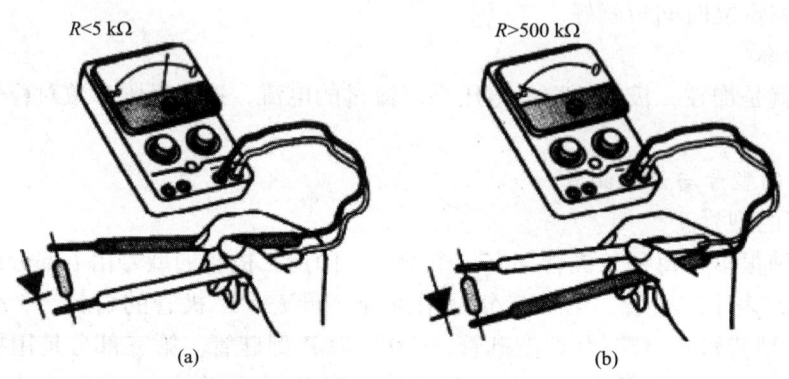

图6-9 晶体二极管的测量

测得电阻小的那一次黑表笔接的是二极管的正极。如果测得二极管的正、反向电阻都很小,甚至为零,表示二极管内部已短路;如果测得二极管的正、反向电阻都很大,则表示二极管内部已断路。

 **习题**

1. PN结具有什么重要特性?
2. 怎么用多用表判断二极管的好坏及正负极?
3. 现有1N4001二极管和多用表,如何判断二极管的正负极?
4. 二极管主要有哪些性能参数?

任务 6.2 半导体二极管的工作原理以及应用

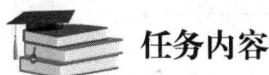 任务内容

了解二极管的伏安特性，掌握二极管单向导电性，熟悉二极管的应用。

6.2.1 二极管工作原理

1. 二极管的单向导电性

为了观察二极管的单向导电性，可做如下实验。将二极管接到由电池和指示灯组成的串联电路中，如图 6-10 所示。当二极管正偏时（如图 6-10（a）所示），即二极管的正极接电源正极，负极接电源负极，有电流流过指示灯，指示灯亮，表明二极管的电阻很小，很容易导电（这时称二极管正向偏置）；反之，二极管反偏时（如图 6-10（b）所示），没有电流流过指示灯，指示灯不亮，表明此时二极管的电阻很大，反向几乎不导电（这时称二极管反向偏置）。上述现象说明在二极管两端施加正向电压时，二极管导通；施加反向电压时，二极管截止。这表明二极管具有单向导电性。

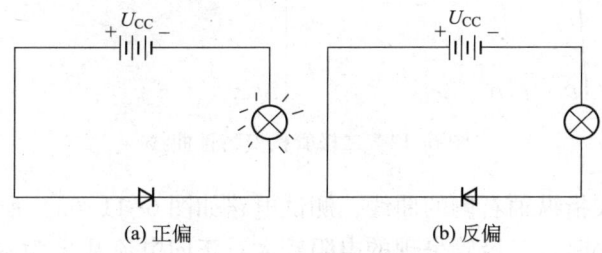

图 6-10 二极管导电实验

二极管具有单向导电性的原因是二极管为一个由 P 型半导体和 N 型半导体形成的 PN 结，在其界面两侧形成空间电荷层，并建有自建电场，当不存在外加电压时，由于 PN 结两边载流子浓度差引起的扩散电流和自建电场引起的漂移电流相等而处于电平衡状态。

当外界有正向电压偏置时，外界电场和自建电场的互相抵消，使载流子的扩散电流增加引起了正向电流。当外界有反向电压偏置时，外界电场和自建电场进一步加强，形成在一定反向电压范围内与反向偏置电压值无关的反向饱和电流。

2. 二极管的伏安特性曲线

二极管的伏安特性曲线是指加在二极管两端的电压 u_D 与流过二极管的电流 i_D 的关系曲线。二极管的伏安特性曲线可以用类似于数学中的"描点法"绘制出来。如图 6-11 所示，在二极管两端加一个电压，测得该电压下流过二极管的电流，在以二极管两端电压为横坐标,以二极管流过的电流为纵坐标的直角坐标系中把这一对电压和电流值对应的点画出来。滑动变阻器 R_P 的触点,改变加在二极管两端的电压,并测得相应的电流值,就可以在直角坐标系中画出足够的点,最后把这些点平滑地连接起来,就构成了二极管的伏安特性曲线(如图 6-12 所示)。

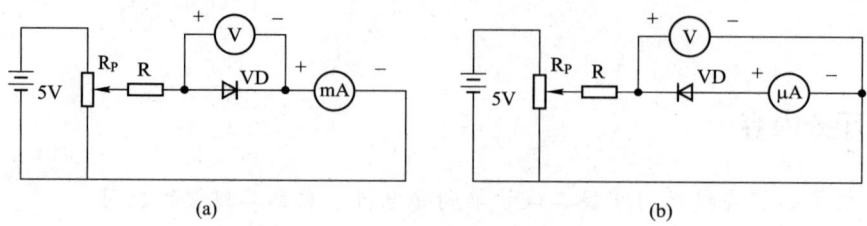

图 6-11 二极管伏安特性电路

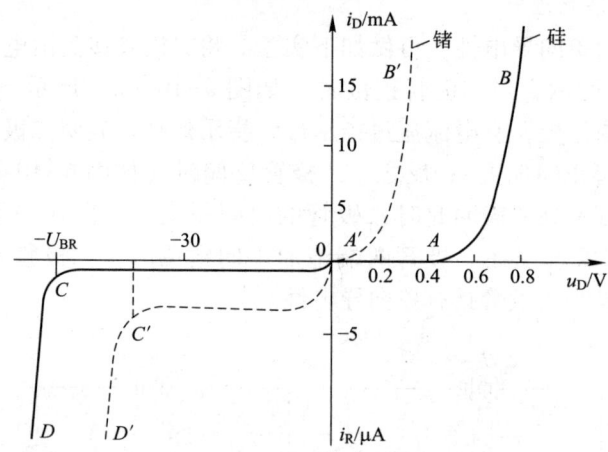

图 6-12 二极管伏安特性曲线

正向伏安特性曲线指纵轴右侧的曲线,测试电路如图 6-11(a)所示,由两部分组成。

(1)外加电压较小时,二极管呈现的电阻较大,正向电流几乎为零,曲线 OA 段称为不导通区或者死区。一般硅二极管的死区电压约为 0.5 V,锗二极管约为 0.2 V。

(2)正向电压 u_D 超过死区电压时,PN 结内电场几乎被抵消,二极管呈现的电阻很小,正向电流 i_D 增长很快,二极管正向导通。AB 段特性曲线陡直,电压与电流的关系近似于线性,AB 段称为导通区。导通后,二极管两端的正向电压称为正向压降(或管压降),也近似认为是导通电压。一般硅二极管约为 0.7 V,锗二极管约为 0.3 V。

反向伏安特性曲线指纵轴左侧的曲线,其测试电路如图 6-11(b)所示,也由两部分组成。

(1)当二极管承受反向电压时,加强了 PN 结的内电场,使二极管呈现很大的电阻,此时仅有很小的反向电流 i_R。例如,曲线 OC 段称为反向截止区,此处的 i_R 称为反向饱和电流或反向漏电流。实际应用中,此反向饱和电流值越小越好。一般硅二极管的反向饱和电流在几十微安以下,锗二极管的则达几百微安,大功率二极管会稍大些。

(2)当反向电压增大到超过某一个值时(图 6-12 中 C 点),是反向特性曲线上一个拐点，反向电压稍有增大，反向电流急剧加大，这种现象称为反向击穿。CD 段称为反向击穿区，C 点对应的电压就称为反向击穿电压 U_{BR}。击穿后电流过大将会使二极管损坏，因此除稳压管外，加在二极管上的反向电压不允许超过击穿电压。

6.2.2 二极管的应用

利用二极管的单向导电性，可以实现整流、滤波、稳压、限幅、钳位、检波、保护、开关等功能。

1. 整流电路

利用二极管的单向导电特性，将正负交替的正弦交流电压变换成单方向的脉动电压的电路，称为整流电路。根据交流电的相数，整流电路分为单相整流、三相整流电路等。

单相半波整流电路如图 6-13 所示，它由变压器 T、整流二极管 VD 和负载电阻 R_L 组成。

利用二极管的单向导电性，在变压器二次电压为正的半个周期内，二极管正向偏置，处于导通状态，负载上得到半个周期的直流脉动电压和电流；而在为负的半个周期内，二极管反向偏置，处于截止状态，负载中没有电流流过，负载上电压为零。

由于二极管的单向导电作用，将变压器二次的交流电压变换成为负载两端的单向脉动电压，达到整流目的，其波形如图 6-14 所示。因为这种电路只在交流电压的半个周期内才有电流流过负载，所以称为单相半波整流电路。

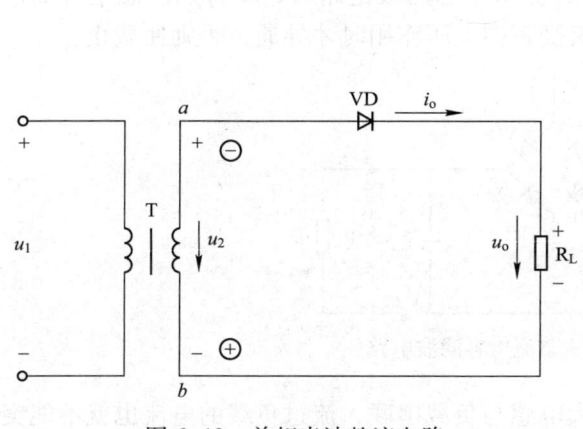

图 6-13 单相半波整流电路

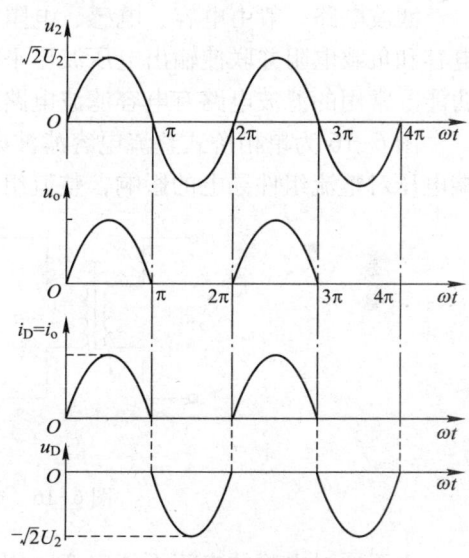

图 6-14 单相半波整流波形图

单相桥式整流电路应用最广，它采用四个整流二极管组成桥式电路，如图 6-15（a）所示，一般将图中的四个二极管电路称为整流桥。图 6-15（b）是采用了整流桥符号的电路图。

在 u_2 的正半周，a 点电位高于 b 点电位。二极管 VD_1、VD_2 正偏导通，VD_3、VD_4 反偏截止。电流从变压器二次侧 a 点，经 VD_1、R_L、VD_2 流到 b 点。负载 R_L 上得到正半周的输

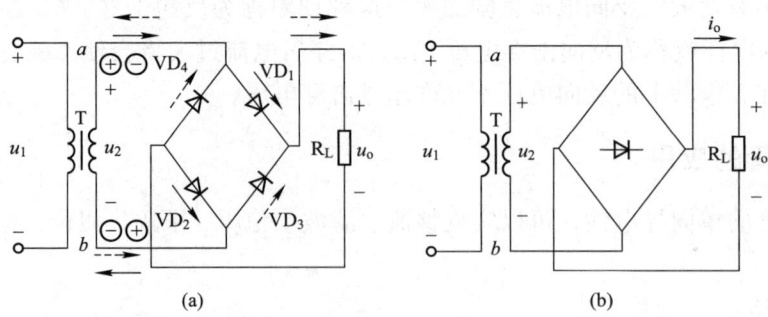

图 6-15 单相桥式整流电路

出电压，电流如图 6-15（a）中实线所示。在 u_2 的负半周，b 点电位高于 a 点电位。二极管 VD_3、VD_4 正偏导通，VD_1、VD_2 反偏截止。电流从变压器二次侧 b 点经 VD_3、R_L、VD_4 流到 a 点。负载 R_L 上依然得到正向半周的输出电压。

2. 滤波电路

单相半波整流电路和单相桥式整流电路的输出电压中都含有较大的脉动成分，除了在一些特殊场合可以直接应用外，不能作为电源为电子电路供电，必须采取措施减小输出电压中的交流成分，使输出电压接近于理想的直流电压。这种措施就是采用滤波电路，将交流成分滤除，以得到比较平滑的输出电压。滤波通常是利用电容器或电感器的能量存储功能来实现的。

滤波电路一般由电容、电感、电阻等元件组成。利用电容两端电压不能突变的特点，把电容和负载电阻并联使输出电压波形平滑而实现滤波的功能。另外利用电感也可以实现滤波功能。常用的滤波电路有电容滤波电路、电感滤波电路、复式滤波电路等。

图 6-16 为单相桥式整流电容滤波电路。在分析电容滤波电路时，要特别注意电容器两端电压对整流组件导电的影响，整流组件只有受正向电压作用时才导通，否则便截止。

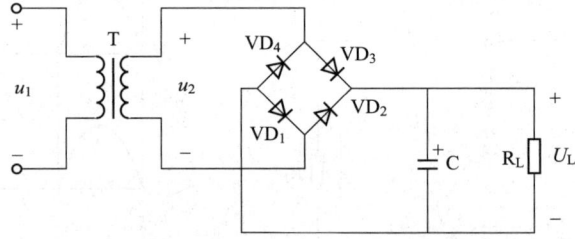

图 6-16 单相桥式整流电容滤波电路

由于通过电感的电流不能突变，用一个大电感与负载串联，流过负载的电流也就不能突变，电流平滑，输出电压的波形也就平稳了。其实质是因为电感对交流呈现很大的感抗，频率越高，感抗越大，则交流成分绝大部分降到了电感上，若忽略导线电阻，电感对直流没有压降，即直流均落在负载上，达到了滤波目的。

单相桥式整流电感滤波电路如图 6-17 所示，在电路中，输出电压的交流成分是整流电路输出电压的交流成分经 X_L 和 R_L 分压的结果，只有 $\omega L \gg R_L$ 时，滤波效果才好。对于小于全波整流电路输出电压的平均值，如果忽略电感线圈的铜阻，则 $U_0 \approx 0.9 U_2$。虽然电感滤波电路对整流二极管没有电流冲击，但为了使电感大，多用铁芯电感，体积大、笨重，且输出电压的平均值 U_0 更低。

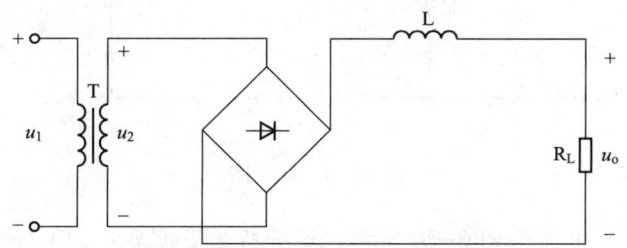

图 6-17 单相桥式整流电感滤波电路

电感越大，滤波的效果越好，电感滤波器主要适用于负载电压较低、负载电流较大以及负载变化较大的场合。

3. 稳压电路

通过整流滤波电路所获得的直流电源电压是比较稳定的，但是当电网电压波动或负载电流变化时，输出电压会随之改变。电子设备一般都需要稳定的电源电压。如果电源电压不稳定，将会引起直流放大器的零点漂移，交流噪声增大，测量仪表的测量精度降低等。

为了得到更加稳定、可靠的直流电源，需要在整流滤波环节的后面加接稳压电路，从而使直流电源的输出电压尽可能不受交流电网电压波动和负载变化的影响。

由硅稳压管组成的并联型稳压电路如图 6-18 所示，R 为限流电阻，稳压管 VD_Z 作为调整元件与负载 R_L 并联，又称为并联型稳压管稳压电路。经整流滤波后得到的直流电压作为稳压电路的输入电压 U_1，输出电压 $u_o U_Z$。

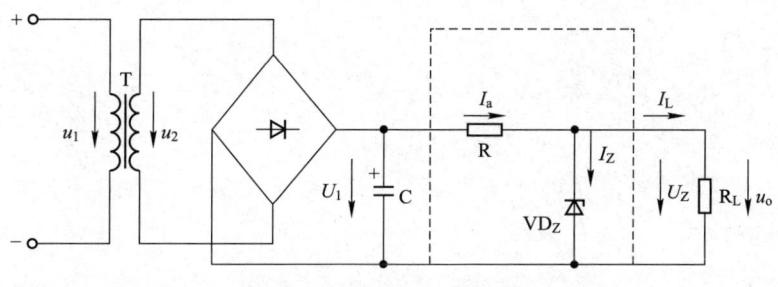

图 6-18 并联型稳压电路

在这种电路中，不论是电网电压波动还是负载电阻 R_L 的变化，稳压管稳压电路都能起到稳压作用，因为 U_Z 基本恒定，而 $u_o = U_Z$。

习题

1. 简述二极管的主要特性与应用。
2. 什么是整流电路？它有哪些类型？
3. 在如图 6-19 所示的两个电路图中，$E = 5$ V，$u_i = 10\sin\omega t$ V，二极管的正向压降可以忽略不计，试分别画出输出电压 u_o 的波形。

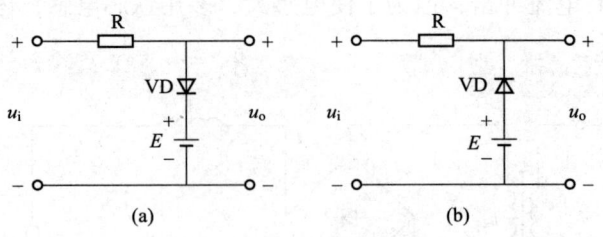

图 6-19 题 3 图

4. 二极管桥式整流电路如图 6-20 所示，试分析如下问题：（1）若已知 $u_2=20$ V，试估算 u_o 的值；（2）若有一只二极管脱焊，u_o 的值将如何变化？（3）若二极管 VD_1 的正负极焊接时颠倒了，会出现什么问题？（4）若负载短接，会出现什么问题？

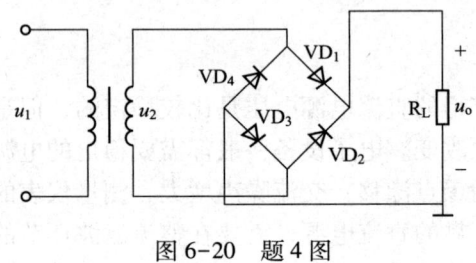

图 6-20 题 4 图

任务6.3 特殊二极管认知

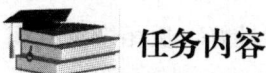

了解整流二极管、检波二极管、开关二极管、稳压二极管等特殊二极管的特点与应用。

6.3.1 整流二极管

整流二极管的作用是将交流电源整流成脉动直流电,它是利用二极管的单向导电特性工作的。

因为整流二极管正向工作电流较大,工艺上多采用面接触结构。鉴于这种结构的二极管结电容较大,因此整流二极管工作频率一般小于 3 kHz。整流二极管主要由全密封金属结构封装和塑料封装两种封装形式。通常情况下额定正向工作电流在 1 A 以上的整流二极管采用金属壳封装,以利于散热;额定正向工作电流在 1 A 以下的采用塑料封装。另外,由于工艺技术的不断提高,也有不少较大功率的整流二极管采用塑料封装,在使用中应予以区别。

6.3.2 检波二极管

检波二极管是把叠加在高频载波中的低频信号检出来的元件,它具有较高的检波效率和良好的频率特性。

检波二极管要求正向压降小,检波效率高,结电容小,频率特性好,其外形一般采用 EA 玻璃封装结构。一般检波二极管采用锗材料点接触型结构。选用检波二极管时,应根据电路的具体要求来选择工作频率高、反向电流小、正向电流足够大的检波二极管。

6.3.3 开关二极管

由于半导体二极管在正向偏压下导通电阻很小,而在施加反向偏压截止时电阻很大,开关电路中利用半导体二极管的这种单向导电特性就可以对电流起接通和关断的作用,故把用于这一目的的半导体二极管称为开关二极管。

开关二极管主要应用于电视机、影碟机等家用电器及电子设备有开关电路、检波电路、高频脉冲整流电路等。中速开关电路和检波电路可以选用 2AK 系列普通开关二极管,高速开关电路可以选用 RLS 系列、1SS 系列、1N 系列、2CK 系列的高速开关二极管,要根据应用电路的主要参数(例如正向电流、最高反向电压、反向恢复时间等)来选择开关二极管的具体型号。

6.3.4 稳压二极管

稳压二极管又称齐纳二极管,它利用 PN 结反向击穿时电压基本上不随电流变化而变化的特点来达到稳压目的。因为它能在电路中起稳压作用，故称为稳压二极管。

稳压二极管是根据击穿电压来分挡的，其稳压值就是击穿电压值。稳压二极管主要作为稳压器或电压基准元件使用，稳压二极管可以串联起来得到较高的稳压值。选用的稳压二极管应满足应用电路中主要参数的要求。稳压二极管的稳定电压值应与应用电路的基准电压值相同，稳压二极管的最大稳定电流应高于应用电路的最大负载电流50%左右。

6.3.5　快速恢复二极管

快速恢复二极管是一种新型的半导体二极管。这种二极管的开关特性好，反相恢复时间短，通常用于高频开关电源中作为整流二极管。

快速恢复二极管的特点就是它的恢复时间很短，这一特点使其适合高频（如电视机中的行频）整流。快速恢复二极管有一个决定其性能的重要参数——反向恢复时间，它是指二极管从正向导通状态急剧转换到截止状态，从输出脉冲下降到没机会内任何零线开始到反向电源恢复到最大反向电流的10%所需要的时间。

6.3.6　肖特基二极管

肖特基二极管是肖特基势垒二极管的简称，是近年来生产的低功耗、大电流、超高速半导体元件，其反向恢复时间极短（可以小到几ns），正向导通压降仅为0.4 V左右，而整流电流却可达到几千安培，这些优良特性是快速恢复二极管所无法比拟的。

肖特基二极管是用贵重金属（金、银、铝、铂等）为正极，以N型半导体为负极，利用二者接触面上形成的势垒具有整流特性而制成的金属-半导体器件。

6.3.7　瞬态电压抑制二极管

瞬态电压抑制二极管是在稳压管的工艺基础上发展起来的一种半导体元件，主要应用于对电压快速过压保护的电路中，可广泛用于计算机、电子仪表、通信设备、家用电器以及野外作业的机载、船用及汽车用电子设备，并可以作为人为操作引起的过电压冲击或雷电对设备的电击等保护元件。

6.3.8　发光二极管

发光二极管的英文简称是LED，它是采用磷化镓、磷砷化镓等半导体材料制成的，可以将电能直接转换为光能的元件。发光二极管除了具有普通二极管的单向导电特性之外，还可以将电能转换为光能。给发光二极管外加正向电压时，它也处于导通状态，当正向电流流过管芯时，发光二极管就会发光，将电能转换成光能。

发光二极管的发光颜色主要由制作二极管的材料以及掺入杂质的种类来决定。目前常见的发光二极管发光颜色主要有蓝色、绿色、黄色、红色、橙色、白色等。其中白色发光二极管是新型产品，主要应用在手机背光灯、液晶显示器背光灯、照明等领域。

发光二极管的工作电流通常为2~25 mA。工作电压（正向压降）随着材料的不同而不同：普通绿色、黄色、红色、橙色发光二极管的工作电压约2 V；白色发光二极管的工作电压通常高于2.4 V；蓝色发光二极管的工作电压通常高于3.3 V。发光二极管的工作电流不能超过额定值太高，否则有烧毁的危险，所以通常在发光二极管回路中串联一个电阻作为限流电阻。

红外发光二极管是一种特殊的发光二极管,其外形和发光二极管相似,只是它发出的是红外光,在正常情况下人眼是看不见的。其工作电压约 1.4 V,工作电流一般小于 20 mA。将两个不同颜色的发光二极管封装在一起,使之成为双色二极管(又名变色发光二极管)。这种发光二极管通常有三个引脚,其中一个是公共端。它可以发出三种颜色的光(其中一种是两种颜色的混合色),故通常作为不同工作状态的指示元件。

6.3.9 雪崩二极管

雪崩二极管是在稳压管工艺技术基础上发展起来的一种微波功率器件,它在外加电压的作用下可以产生高频振荡。

雪崩二极管利用雪崩击穿对晶体注入载流子,因载流子穿越半导体晶片需要一定的时间,所以其电流滞后于电压,出现延迟时间,若适当地控制渡越时间,那么在电流和电压关系上就会出现负阻效应,从而产生高频振荡。它常被应用微波通信、雷达、战术导弹、遥控、遥测、仪器仪表等设备中。

6.3.10 双向触发二极管

双向触发二极管也称二端交流器件。它是一种硅双向电压触发开关元件,当双向触发二极管两端施加的电压超过其击穿电压时,两端即导通,导通将持续到电流中断或降到器件的最小保持电流才会再次关断。双向触发二极管通常应用在过压保护电路、移相电路、晶闸管触发电路、定时电路中。

6.3.11 变容二极管

变容二极管是利用反向偏压来改变 PN 结电容量的特殊半导体元件。变容二极管相当于一个容量可变的电容,它的两个电极之间的 PN 结电容大小,随着加到变容二极管两端反向电压大小的改变而变化。当加到变容二极管两端的反向电压增大时,变容二极管的容量减小。由于变容二极管具有这一特性,所以它主要用于电调谐回路(如彩色电视机的高频头)中,作为一个可以通过电压控制的自动微调电容。

习题

简述特殊二极管的特点。

项目7　半导体三极管认知

项目描述

三极管，全称应为半导体三极管，也称双极型晶体管、晶体三极管，是一种控制电流的半导体元件，其作用是把微弱信号放大成幅度值较大的电信号，也用作无触点开关。三极管是半导体基本元件之一，具有电流放大作用，是电子电路的核心元件。

晶体管促进并带来了"固态革命"，进而推动了全球范围内的半导体电子工业。作为主要部件，它及时、普遍地首先在通信工具方面得到应用，并产生了巨大的经济效益。由于晶体管彻底改变了电子线路的结构，使集成电路及大规模集成电路应运而生，这样制造像高速电子计算机之类的高精密仪器就变成了现实。

教学目标

【能力目标】
1. 学会分析三极管放大电路与集成运算放大电路。
2. 学会用万用表测量三极管的极性与好坏。
3. 学会探究学习，具备自主探究学习的能力。

【知识目标】
1. 了解三极管结构与分类，以及主要参数。
2. 了解三极管的电流放大作用。
3. 掌握放大电路的微等效电路。
4. 掌握理想集成运算放大电路的重要结论。

【素质目标】
1. 接受电子知识的能力。
2. 树立"用电安全"的责任意识，养成遵章守纪的工作习惯。

任务 7.1 晶体三极管认知

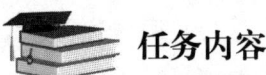

了解三极管的结构与分类,理解三极管的放大作用、伏安特性,掌握三极管的测试。

7.1.1 三极管的结构与分类

三极管是在 20 世纪 40 年代发展起来的最重要的一种半导体元件,用于各类放大电路中,其功能是放大、混频和光电转换等。它具有体积小、重量轻、耗电省、寿命长、工作可靠等一系列优点,应用十分广泛。它的放大作用和开关作用促进了电子技术的飞跃发展。

1. 三极管的结构

在同一硅片上制造出三个掺杂区域,并形成两个 PN 结,就构成了三极管。按 P 区和 N 区的不同组合方式分为 NPN 型三极管和 PNP 型三极管,如图 7-1 所示。

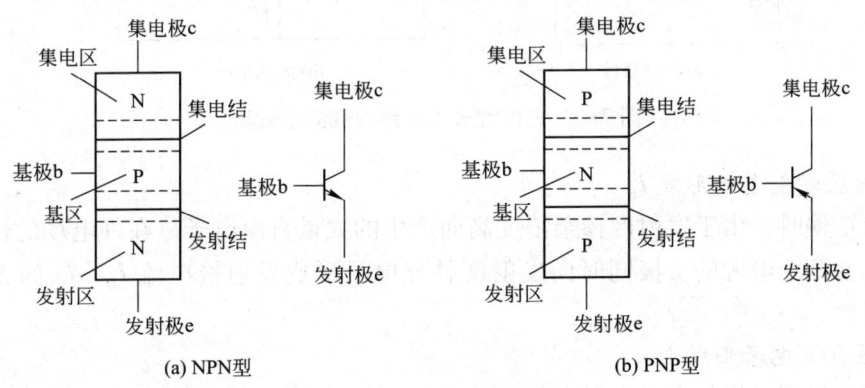

图 7-1 三极管的结构

三极管内部的三个区分别称集电区、基区和发射区,三个区中基区最薄,发射区掺杂浓度最高,集电区面积最大。集电区和发射区虽然属于同一类型的掺杂半导体,但不能调换使用。与集电区相连接的 PN 结称为集电结,与发射区相连接的 PN 结称为发射结。由三个区引出的三个电极分别称集电极 c、基极 b 和发射极 e。

2. 三极管的分类

按所用的半导体材料三极管可分为硅管和锗管;按功率可分为大、中、小功率管;按频率特性可分为低频管和高频管等;按导电极性可分为 NPN 型管和 PNP 型管;按用途可分为放大管和开关管;按封装材料可分为金属封装和玻璃封装等。常见三极管外形如图 7-2 所示。目前 NPN 型管多数为硅管,PNP 型管多数为锗管,NPN 型三极管应用最为广泛。

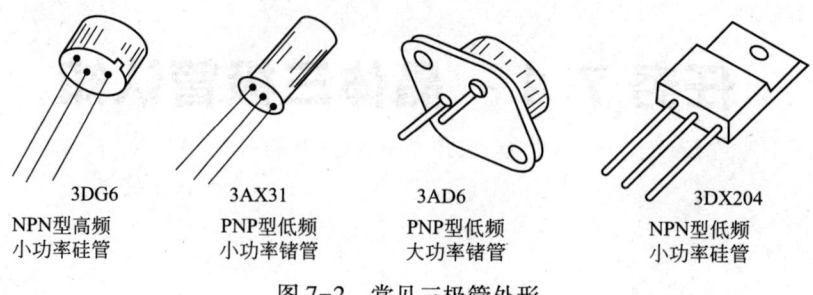

图 7-2 常见三极管外形

7.1.2 三极管的放大作用

三极管要实现放大作用，其条件是发射结正偏，集电结反偏。三极管放大电路与载流子运动如图 7-3 所示。

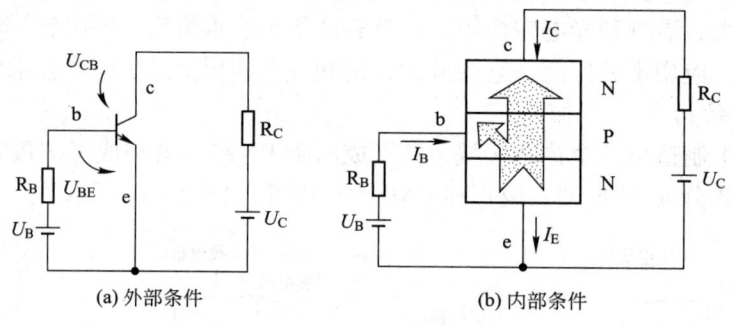

(a) 外部条件   (b) 内部条件

图 7-3 三极管放大电路与载流子运动

1. 发射区发射电子形成 I_E

发射结正偏时，由于发射区掺杂浓度高而产生的大量自由电子，在外电场的作用下，被发射到基区。两个电源的负极同时向发射区补充电子形成发射极电流 I_E，I_E 的方向与电子流方向相反。

2. 基区复合电子形成 I_B

发射区发射到基区的大量电子有很少一部分与基区中的空穴复合，复合掉的空穴由基极电压 U_B 不断补充形成基极电流 I_B。

3. 集电区收集电子形成 I_C

由发射区扩散到基区的多数载流子因基区的掺杂浓度低，被复合的机会很少，又因基区很薄，且集电结反偏，绝大多数载流子继续向集电结边缘扩散。集电区掺杂浓度虽然低于发射区但高于基区，且集电结的结面积较发射结大很多，因此这些聚集到集电结边缘的载流子在反偏电压 U_C 的作用下，被收集到集电区，并流向集电极电源正极，形成集电极电流 I_C。

根据 KCL 定律，三个电流之间的关系为：

$$I_E = I_B + I_C$$

如果发射结正偏压 U_{BE} 增大，发射区发射的载流子增多，I_B、I_C 和 I_E 都相应增大。通过实验可以验证：改变 U_{BE} 时，I_C 与 I_B 几乎是按一定的比例变化。其比值定义为 $\bar{\beta}$，称为三极管的直流电流放大系数,一般为几十至几百。

$$I_C = \bar{\beta} I_B$$

当 I_B 有很小的变化时,就会导致 I_C 及 I_E 有较大的变化,这就是三极管的电流放大作用。这种放大作用的实质是电流的控制作用,即以很小的基极电流 I_B 控制较大的集电极电流 I_C。

7.1.3 三极管的伏安特性

三极管的伏安特性是指各电极间电压与电流的关系,它是三极管内部载流子运动规律的外部表现,它反映出三极管的性能,是分析三极管放大电路的重要依据。伏安特性可用晶体管图示仪直观显示出来,也可以通过实验的方法测得。测试三极管伏安特性的电路图如图7-4所示,三极管伏安特性曲线如图7-5所示。

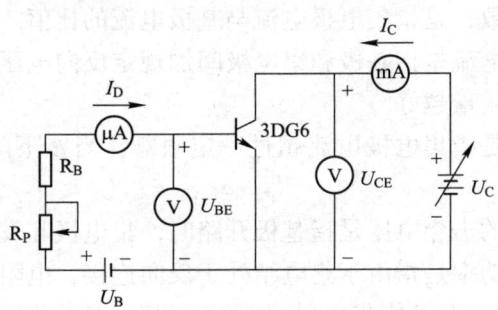

图 7-4 三极管伏安特性电路图

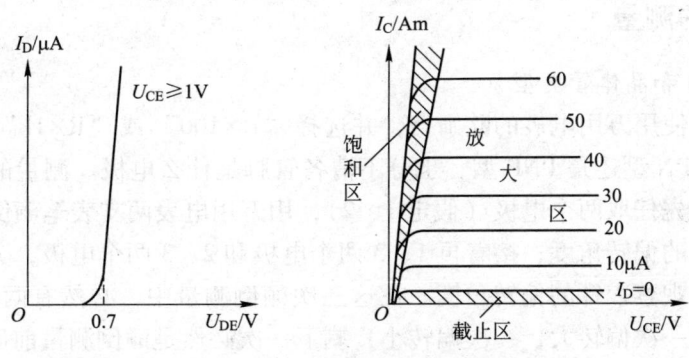

图 7-5 三极管伏安特性曲线

输入特性是指在集射极之间电压 U_{CE} 为常数时,基极电流 I_B 与基极、发射极之间电压 U_{BE} 的关系曲线 $I_B = f(U_{CE})$。

输出特性是指在基极电流 I_B 为常数时,集电极电流 I_C 与集电极、发射极电压 U_{CE} 之间的关系曲线 $I_C = f(U_{CE})$。

1) 放大区

输出特性曲线近似于水平的部分称为放大区。晶体管工作在放大区的条件是发射结正偏,集电结反偏,特点是 $I_C = \bar{\beta} I_B$。在放大区,当发射结电压 U_{BE} 一定时,I_B 为定值,发射到基区的电子数也是定值，当 $U_{CE} \geq 1$ 时集电结反偏，足以把基区没有复合的电子全部收集到集电极，所以 U_{CE} 再增加已没有更多的载流子参与导电。因此，在放大区 I_C 仅由 I_B 决定。

2）截止区

$I_B = 0$ 曲线以下的区域称为截止区。晶体管处于截止区的条件是两个 PN 结均反偏，特点是 $I_B = 0$、$I_C = I_{CEO} \approx 0$，无放大作用。

3）饱和区

输出特性曲线迅速上升和弯曲部分之间的区域称为饱和区。晶体管工作在饱和区的条件是两个 PN 结均正偏，特点是集电极与发射极之间的压降很小，$U_{CE} \leq 1 \text{ V}$，有 I_B 和 I_C，但 $I_C \neq \bar{\beta} I_B$。I_C 已不受 I_B 控制，无放大作用。

7.1.4 三极管的主要参数

共发射极直流放大倍数，是指集电极电流与基极电流的比值。

集电极基极反向截止电流是指基极和集电极间加规定反向电压时的集电极电流。电流越小，说明三极管的集电结质量越好。

集电极最大允许电流是指集电极电流超过一定限额，当 β 下降到额定值的 1/2～2/3 时的集电极电流值。

集电极、发射极之间的击穿电压是指基极开路时，集电极和发射极之间的击穿电压。

集电极最大允许耗散功率是指由于集电结处于反向连接，电阻很大。当电流流过集电结时，集电结就会产生热量，为了使集电结的温度不超过规定值，集电极耗散功率将受到限制。

7.1.5 三极管的测量

1. 判断基极 b 和晶体管类型

测量三极管要使用万用电表的欧姆挡，并选择"R×100"或"R×1k"挡位。假定不知道被测三极管是 NPN 型还是 PNP 型，也分不清各管脚是什么电极。测量的第一步是判断哪个管脚是基极。首先任取两个电极（假定1、2），用万用电表两支表笔颠倒测量它的正、反向电阻，观察表针的偏转角度；接着再 1、3 两个电极和 2、3 两个电极，分别颠倒测量它们的正、反向电阻，观察表针的偏转角度。在这三次颠倒测量中，必然有两次测量结果相近：即颠倒测量中表针一次偏转大，一次偏转小；剩下一次必然是颠倒测量前后指针偏转角度都很小，这一次未测的那只管脚就是要寻找的基极。

找出三极管的基极后，我们就可以根据基极与另外两个电极之间 PN 结的方向来确定三极管的导电类型。将万用表的黑表笔接触基极，红表笔接触另外两个电极中的任一电极，若表头指针偏转角度很大，则说明被测三极管为 NPN 型；若表头指针偏转角度很小，则被测三极管为 PNP 型。

2. 判断集电极 c 和发射极 e

找出了基极 b，另外两个电极哪个是集电极 c，哪个是发射极 e 呢？这时可以用测穿透电流 I_{CEO} 的方法确定集电极 c 和发射极 e。

对于 NPN 型三极管，穿透电流的测量电路如图 7-6 所示，人手起到直流偏置电阻的作用。根据这个原理,用万用表的黑、红表笔颠倒测量两极间的正、反向电阻 R_{ce} 和 R_{ec},虽然两次测量中万用表指针偏转角度都很小,但仔细观察,总会有一次偏转角度稍大,此时电流的流向一定是:黑表笔→c 极→b 极→e 极→红表笔,电流流向正好与三极管符号中的箭头方向一致,所以此时黑表笔所接的一定是集电极 c,红表笔所接的一定是发射极 e。

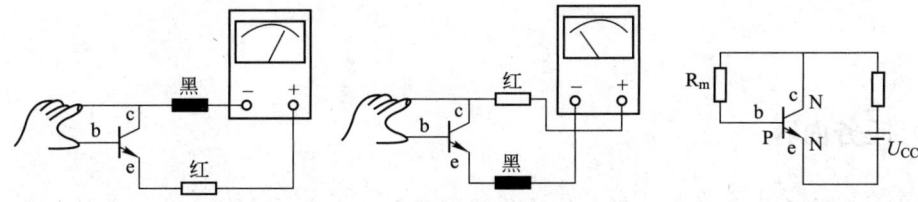

图 7-6 穿透电流的测量电路

对于 PNP 型三极管,道理也类似于 NPN 型三极管,其电流流向一定是:黑表笔→e 极→b 极→c 极→红表笔,其电流流向也与三极管符号中的箭头方向一致,所以此时黑表笔所接的一定是发射极 e,红表笔所接的一定是集电极 c。

习题

1. 怎样用万用表区分三极管是 NPN 型还是 PNP 型?
2. 怎样用万用表判断三极管的好坏?怎样判别三个电极?
3. 简述三极管的结构特点。
4. 简述三极管的主要特性。

任务 7.2 晶体三极管放大电路认知

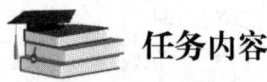任务内容

掌握放大电路的基本组成,各元件的作用,理解放大电路分析方法。熟练估算法、等效电路法进行放大电路分析。

7.2.1 放大电路的基本组成

放大电路是由三极管、电阻、电容及电源等一些元件组成的。基本放大电路一般是指由一个三极管或场效应管组成的放大电路。

图 7-7 是以 NPN 型(如果采用 PNP 型管,则电源、电容 C_1 和 C_2 极性都反向)三极管组成的电压放大电路,共射极基本放大电路有两个电流回路:一个是由发射极 e、信号源、电容 C_1、基极 b 回到发射极 e,称为放大电路的输入回路;另一个是从发射极 e 经电源 U_{CC}、集电极电阻 R_C、集电极 c 回到发射极 e 的回路,称为放大电路的输出回路。因输入回路和输出回路是以发射极为公共端的,故称为共发射极放大电路。

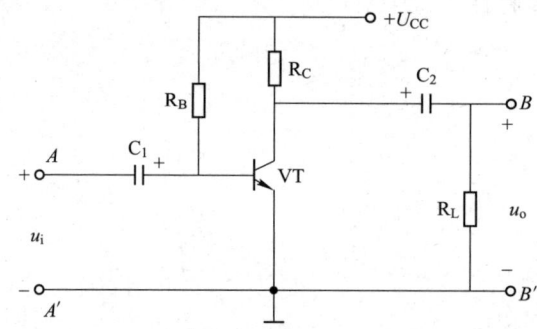

图 7-7 共射极基本放大电路

各元件的作用如下:VT 是三极管,作用是实现电流放大。R_B 是基极偏置电阻,作用是提供偏置电压。R_C 是集电极负载电阻,作用是提供集电极电流通路,将放大的集电极电流变化转换成集电极电压变化。C_2 是输出耦合电容,作用是把放大后的交流信号畅通地传送给负载 C_1 是输入耦合电容,作用是使信号源的交流信号畅通地传送到放大电路输入端。

半导体三极管具有电流放大作用,即基极电流的微小变化可引起集电极电流较大的变化。给放大电路加入了输入信号电压后,三极管基极电流发生变化,三极管集电极将基极电流放大了 β 倍,实现了电流放大的目的,放大电路把集电极电流的变化通过 R_C 转化成电压的变化。这样输出电压的幅值就远大于输入电压的幅值,从而实现了电压放大的目的。共发射极放大电路的电压、电流波形如图 7-8 所示。

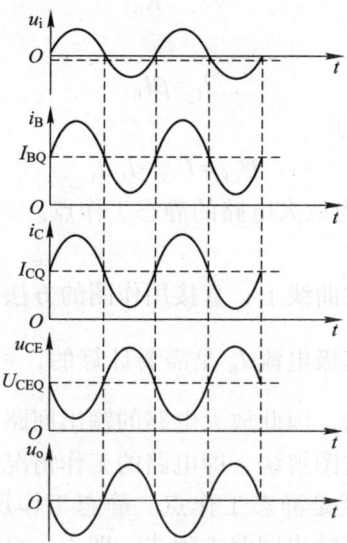

图 7-8　共发射极放大电路的电压、电流波形

7.2.2　放大电路的分析方法

1. 直流通路和交流通路

直流通路是指直流电流所通过的路径。由于电容 C_1、C_2 具有隔直流的作用，因此电容对于直流信号视为开路，画直流通路时，要把电路中 C_1、C_2 断开，其他元件保留就可得到直流通路；交流通路是指交流信号所通过的路径，画交流通路时，将直流电源 U_{CC} 对地交流短路，耦合电容 C_1、C_2 的容抗 X_C 很小，也视为短路，其他元件保持不变，便可得到交流通路。共射极电路的直流通路和交流通路如图 7-9 所示。

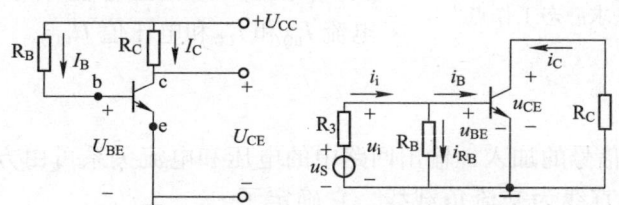

图 7-9　共射极电路的直流通路和交流通路

2. 静态分析

1）估算法确定静态值

求静态时的基极电流 I_B 的方法如下。

因为　　　　　　　　　　$U_{CC} = I_B R_B + U_{BE}$

则　　　　　　　　　　　$I_B = \dfrac{U_{CC} - U_{BE}}{R_B}$

通常　　　　　　　　　　$U_{CC} \gg U_{BE}$

所以
$$I_B \approx \frac{U_{CC}}{R_B}$$

集电极电流
$$I_C = \beta I_B$$

静态时的集电极-发射极电压
$$U_{CE} = U_{CC} - I_C R_C$$

静态时 I_B、I_C、U_{CE} 的值称为放大电路的静态工作点。

2) 图解法确定静态值

图解法是指在晶体管的特性曲线上,直接用作图的方法来分析放大电路的工作情况。在放大电路的输入回路中,只有基极电流 I_B 是需要计算的,可以通过 $I_B = \frac{U_{CC} - U_{BE}}{R_B}$ 求得。而晶体管的输出特性曲线是非线性的,因此放大电路的输出回路是一个非线性电阻电路,要通过图解法来确定静态工作点。所谓图解法,即电路的工作情况由负载线和非线性元件的伏安特性曲线的交点确定,这个交点就是静态工作点。静态工作点既要符合晶体管的输出特性曲线,又要满足放大电路直流通路输出回路方程式,即 $U_{CE} = U_{CC} - I_C R_C$。

在晶体管输出特性曲线上,根据 $U_{CE} = U_{CC} - I_C R_C$ 找出 $I_C = 0$ 和 $U_{CE} = 0$ 两个特殊点,把这两个点分别作为横轴和纵轴的截距,连接两点便得到电路线性部分的直流负载线(如图7-10所示),这条直线的斜率为 $-1/R_C$,即由直流输出回路的集电极负载电阻 R_C 确定。

根据上述分析可知,I_C 和 U_{CE} 既是输出特性曲线上某点的坐标值,又是直流负载线上某点的坐标值。直流负载线与晶体管的某条(由 I_B 确定)输出特性曲线的交点 Q,即为放大电路的静态工作点。Q 点所对应的坐标值即为晶体管静态工作时的电流 I_{BQ} 和 I_{CQ} 和电压值 U_{CEQ}。

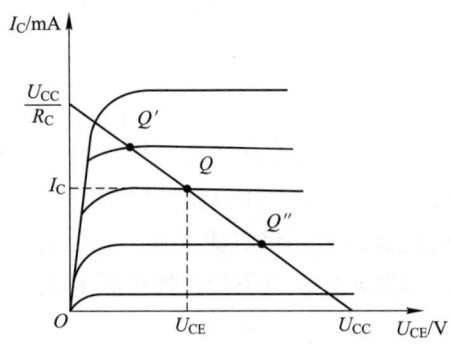

图 7-10 图解法求静态工作点

3. 动态分析

1) 图解法

动态时由于交流信号的加入,输出回路中的电压和电流关系可由方程式 $U_{CE} = U_{CC} - I_C R_C$ 确定,该方程表示的直线为交流负载线,它确定了动态工作点(输出电压和电流的瞬时值),交流负载为 $R'_L = R_C // R_L$。在交流信号作用下,工作点将沿交流负载线移动。

用点斜式过 Q 点作斜率为 $-1/R'_L$ 的直线,这就是交流负载线。由于 $R'_L = R_C // R_L$,所以 $R'_L < R_C$,故一般情况下交流负载线比直流负载线陡(如图7-11所示)。

放大电路动态时的电流 i_B、i_C 和电压 u_{CE} 均含有两个分量,一个是静态时的直流分量 I_B、I_C 和 U_{CE},

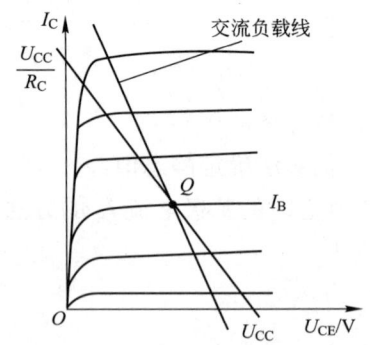

图 7-11 交流负载线

另一个是由输入电压 u_i 引起的交流分量 i_b、i_c 和 u_{ce}。即电路中的电流和电压是交直流分量的叠加。

设输入信号电压 $u_i = U_{im}\sin\omega t$，则

$$u_{BE} = U_{BE} + u_{be} = U_{BE} + U_{im}\sin\omega t$$

即信号源输出电压 u_i 通过电容 C_1 加到晶体管的基极，从而引起基极电流 i_B 的变化，即

$$i_B = I_B + i_b = I_B + I_{im}\sin\omega t$$

i_B 变化使集电极电流 i_C 随之变化，即

$$i_C = I_C + i_c = I_C + I_{im}\sin\omega t$$

i_C 的变化量在集电极电阻 R_C 上产生压降，集电极、发射极之间的电压 u_{CE} 为

$$u_{CE} = U_{CC} - i_C R_C = U_{CC} - (I_C + i_c)R_C = U_{CEQ} - i_c R_C$$

当 i_C 增大时，u_{CE} 就减小；i_C 减小时，u_{CE} 就增大，所以 u_{CE} 的变化正好与 i_C 相反。u_{CE} 中的直流分量 U_{CEQ} 被电容 C_2 滤掉，交流分量 $-i_c R_C$ 经 C_2 耦合传送到输出端，称为输出电压 u_o，负号表明输出信号 u_o 与输入信号 u_i 相位相反。

2）等效电路分析法

（1）晶体管的微变等效电路

动态电阻 r_{be} 称为晶体管的输入电阻。对于小功率晶体管，晶体管输入特性曲线如图 7-12 所示，当信号很小时，特性曲线在小范围内近似为直线，即晶体管对交流小信号而言相当于一个动态电阻，用 r_{be} 来表示。

在图 7-13 中，在小范围内，静态工作点 Q 附近的特性曲线与切线重合，使动态电阻值成为常数，所以有

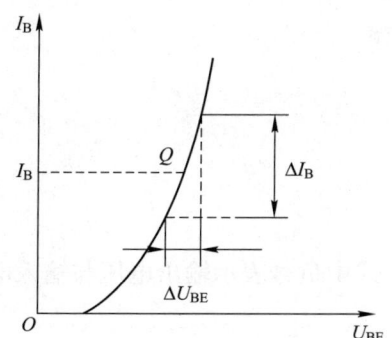

图 7-12 晶体管输入特性曲线

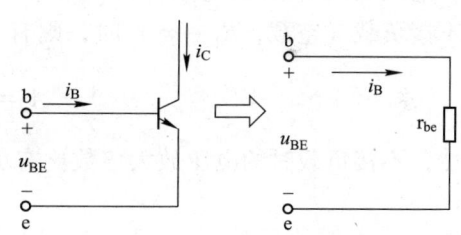

图 7-13 输入等效电路

$$r_{be} = \frac{\Delta U_{BE}}{\Delta I_B}\bigg|_{U_{CE}=C} = \frac{u_{BE}}{i_B}\bigg|_{U_{CE}=C}$$

r_{BE} 可用下式估算

$$r_{be} = 300(\Omega) + (\beta+1)\frac{26(\text{mV})}{I_E(\text{mA})}$$

式中，I_E 为发射极静态电流值，r_{be} 一般为几百欧到几千欧。

由此晶体管的输入回路可以等效为如图 7-13 的形式。

$$r_{ce} = \frac{\Delta U_{CE}}{\Delta I_C}\bigg|_{I_B=C} = \frac{u_{CE}}{i_C}\bigg|_{I_B=C}$$

r_{ce} 称为晶体管的输出电阻,由此可见晶体管的输出回路并非恒流源,而是具有内阻的电流源,即输出回路应由 βi_b 和内阻 r_{ce} 并联而成,如图 7-14 所示。

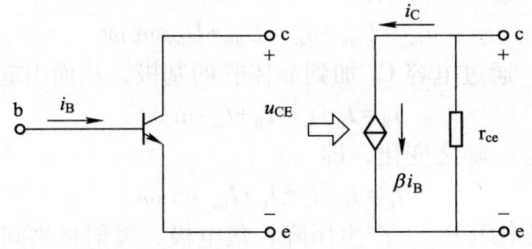

图 7-14 输出等效电路

由于 r_{ce} 的阻值很高,几十千欧至几百千欧,可视为开路,因此在画微变等效电路时一般不画出。三极管等效电路如图 7-15 所示。

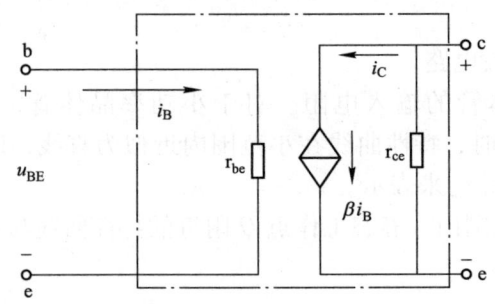

图 7-15 三极管等效电路

(2) 电压放大倍数的计算

若不接负载(空载,$R_L \to \infty$)时,则有

$$A_u = -\beta \frac{R_C}{r_{be}}$$

显然,不接负载时的电压放大倍数比有负载时高,式中负号表示输出电压与输入电压相位相反。

如果信号源含有的内阻 R_S 不可忽略,因此对信号源 $\dot{U}_s$ 的电压放大倍数为

$$A_{u_s} = \frac{\dot{U}_o}{\dot{U}_s} = \frac{\dot{U}_s}{\dot{U}_i} \cdot \frac{\dot{U}_i}{\dot{U}_s} = -\beta \frac{R'_L}{r_{be}} \cdot \frac{r_{be}}{R_S + r_{be}} = -\beta \frac{R'_L}{R_S + r_{be}}$$

习题

1. 三极管工作在放大区的条件是什么?各极电流之间的关系如何?

2. 如图 7-16 所示,已知 $U_{CC} = 12$ V,$R_C = 2$ kΩ,$R_B = 200$ kΩ,$\beta = 50$,$r_{be} = 12$ kΩ,试求:(1) 放大电路的静态工作点 I_{BQ}、I_{CQ}、U_{CEQ};

(2) 计算空载时的电压放大倍数 A_U、输入电阻 r_i 和输出电阻 r_o。

3. 如图 7-17 所示是分压式偏置的共射极放大电路。已知 $U_{CC} = 12$ V，$R_{B1} = 20$ kΩ，$R_{B2} = 10$ kΩ，$R_C = R_E = 2$ kΩ，硅管的 $\beta = 50$，求静态工作点（I_B、I_C、U_{CE}）。

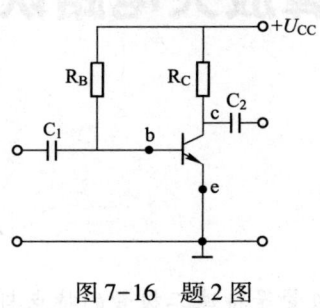

图 7-16 题 2 图

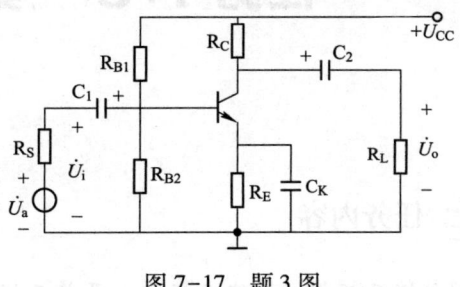

图 7-17 题 3 图

任务 7.3　集成运算放大电路认知

任务内容

了解整流二极管、检波二极管、开关二极管、稳压二极管等特殊二极管的特点与应用。

7.3.1　集成运算放大器的结构与符号

集成运算放大器是以晶体管为基础的高增益差动放大器，由直流放大电路和深度电压负反馈网络组成。

1. 集成运算放大器的结构

集成运算放大器的结构通常是由差动输入极、中间放大极、功率输出极和恒流偏置电路四部分组成，如图 7-18 所示。

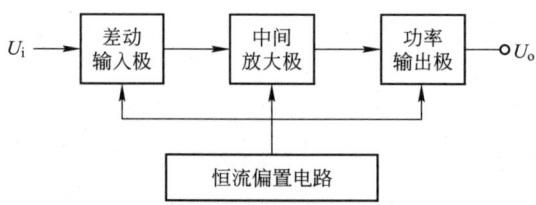

图 7-18　集成运算放大器的组成框图

1）差动输入极

要求输入电阻大、差模放大倍数高、抑制零点漂移和共模干扰信号的能力强，大多采用两个端子的差分放大电路。

2）中间放大极

提供足够的电压放大倍数，一般采用有源负载的共射放大电路，本身还应有高的输入电阻，以减小对前极的影响。

3）功率输出极

与负载相接，为了提高电路驱动负载的能力，要求输出电阻小、带负载能力强，一般采用互补对称电路或射极输出器构成。

4）恒流偏置电路

为各极放大电路提供稳定和合适的偏置电流，决定各极的静态工作点，大多数由恒流源电路组成，有的极（如输出极）也采用恒压源偏置。

2. 集成运算放大器的符号

目前国产集成运算放大器有多种型号，对于使用者来说，最重要的是知道集成运算放大器的管脚用途及主要参数。集成运算放大器的封装方式有扁平封装式、陶瓷或塑料双列直插式、金属原壳式或棱形等几种，一般有 8～14 个管脚，它们都按一定顺序用数字编号，如图 7-19 所示。

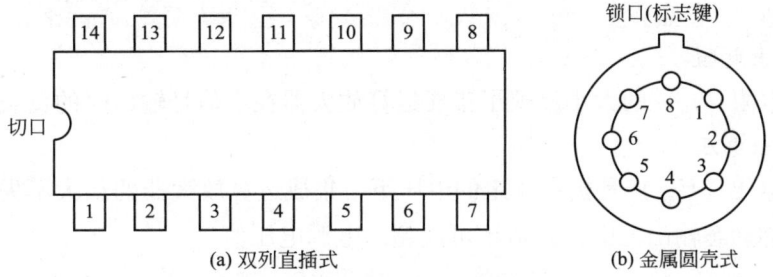

图 7-19　集成运算放大器的管脚排列方式

F007C 型集成运算放大器的管脚与图形符号如图 7-20 所示，8 个管脚的用途如下：

1、5——外接调零电位器；
2——反相输入端，由此端接输入信号，则输出信号与输入信号是反相的；
3——同相输入端，由此端接输入信号，则输出信号与输入信号是同相的；
6——输出端，由此端对地引出输出信号；
4——负电源端，接 -15 V 的稳压电源；
7——正电源端，接 +15 V 的稳压电源；
8——空脚。

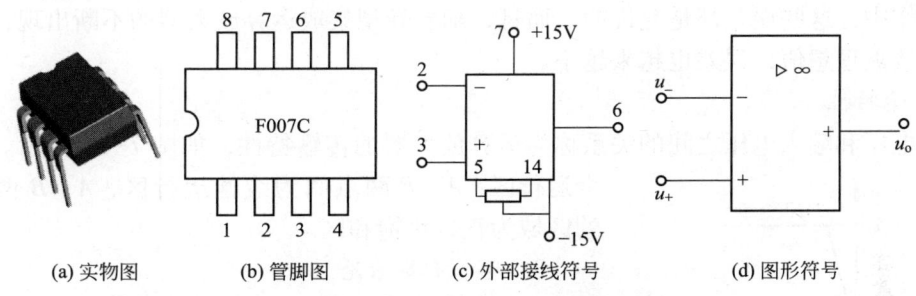

图 7-20　F007C 型集成运算放大器的管脚与图形符号

7.3.2　集成运算放大器的主要参数

1. 开环电压放大倍数（差模电压放大倍数）

开环电压放大倍数 A_{od} 是指集成运算放大器在没有外接反馈电路时，输入端加一小信号，测得的差模电压放大倍数，即

$$A_{od} = \frac{U_o}{U_{id}}$$

2. 共模抑制比

共模抑制比（K_{CMRR}）反映了集成运算放大器对共模输入信号的抑制能力，它是指差模电压放大倍数 A_{od} 与共模电压放大倍数 A_C 之比的绝对值，若用分贝为单位，即

$$K_{CMRR} = 20 \lg \left| \frac{A_{od}}{A_c} \right|$$

3. 差模输入电阻

差模输入电阻（r_{id}）是指集成运算放大器开环时，输入电压变化与由电压变化引起的电流变化之比。

4. 差模输出电阻

差模输出电阻（r_o）的大小反映了集成运算放大器在小信号输出时的负载能力。

5. 最大输出电压

最大输出电压（U_{opp}）是指在额定的电压下，集成运算放大器的最大不失真输出电压的峰值，有时也称动态输出范围，其值不可能超出电源电压值。

7.3.3 理想集成运算放大器

为了能够更简洁地分析集成运算放大电路，在大多数情况下将其视为理想的集成运算放大电路，即将集成运算放大器的各项性能指标（参数）最优化。

1. 理想化参数

（1）开环电压放大倍数 $A_{od} \to \infty$；

（2）差模输入电阻 $r_{id} \to \infty$；

（3）输出电阻 $r_o = 0$；

（4）共模抑制比 $K_{CMR} \to \infty$。

实际上，集成运算放大器的技术指标均为有限值，理想化后必然带来分析误差。但是在一般的工作中，这些误差都是允许的。而且，随着新型集成运算放大器的不断出现，性能指标越来越接近理想值，误差也越来越小。

2. 传输特性

输出电压和输入电压之间的关系称为运算放大器的传输特性，如图 7-21 所示。它有三个运行区：A、B 两点间为线性运行区，A、B 两点以外的区域为正、负饱和区。

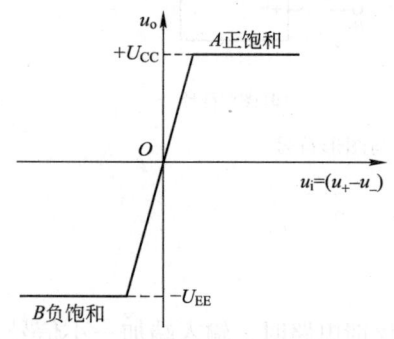

图 7-21 集成运算放大器电压的传输特性

3. 两个重要结论

根据上述理想化的条件，可推出理想集成运算放大器的两个重要结论。

1）虚短

在线性放大区，有 $u_o = A_{od}(u_+ - u_-)$。因 $A_{od} \to \infty$，而 u_o 为有限值，所以两个输入电压 u_+ 和 u_- 必然近似相等，即

$$u_+ \approx u_-$$

集成运算放大器的两个输入端等电位，可看作它们"虚短"。

2）虚断

在线性放大区，$i_i = \dfrac{u_- - u_+}{r_{id}}$，而理想集成运算放大器的差模输入电阻 $r_{id} \to \infty$，所以有

$$i_i \approx 0$$

集成运算放大器的输入电流为零，这种情况称为"虚断"。

7.3.4 集成运算放大器的基本应用

当集成运算放大器工作在线性区时，可以组成各类信号运算电路，主要有比例运算电路、加减法运算电路、微积分运算电路，其中比例运算电路是其他各种运算电路的基础。

1. 反相输入比例运算放大电路

反相输入比例运算电路如图 7-22 所示。输入信号电压 u_i 经过外接电阻 R_1 加到反相输入端，而同相输入端与地之间接平衡电阻 R_2，以保证运放输入级差分放大电路的对称性，电阻 R_2 的阻值应满足：$R_2 = R_1 /\!/ R_F$。R_F 跨接于输出端和反相输入端之间，引入了并联电压负反馈。由于集成运算放大器工作在线性区，$u_+ = u_-$、$i_+ = i_-$，即流过 R_2 的电流为零，则 $u_+ = 0$，$u_- = u_+ = 0$，说明反相端虽然没有直接接地，但其电位为地电位，相当于接地，是"虚假接地"，简称为"虚地"。"虚地"是反相输入式放大电路的重要特点。

所以反相输入运算放大器的闭环电压放大倍数

$$A_f = \frac{u_o}{u_i} \approx -\frac{R_F}{R_1}$$

输出电压

$$u_o = -\frac{R_F}{R_1} u_i$$

输出电压 u_o 与输入电压 u_i 数值相等，相位相反，这时集成运算放大器仅进行一次变号运算，或称反相器。

2. 同相输入比例运算放大电路

如果输入信号从同相端引入，这种运算放大电路称作同相输入运算电路，如图 7-23 所示。由虚短和虚断得 $u_+ = u_- = u_i$、$i_i = i_F$。

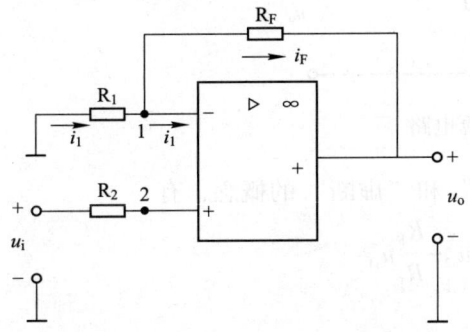

图 7-22 反相输入比例运算电路

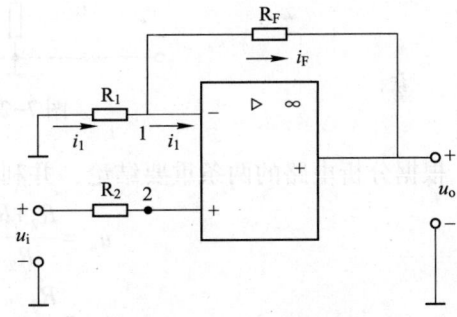

图 7-23 同相输入比例运算电路

输出电压

$$u_o = u_i \left(1 + \frac{R_F}{R_1}\right)$$

所以同相输入运算放大器的闭环电压放大倍数为

$$A_f = \frac{u_o}{u_i} = 1 + \frac{R_F}{R_1}$$

3. 加法运算电路

加法运算电路如图 7-24 所示。加法运算电路的功能是对若干输入信号求和。

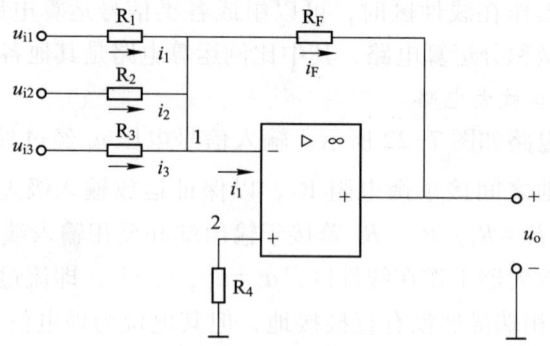

图 7-24 加法运算电路

根据分析电路的两条重要结论，并利于"虚短"和"虚断"的概念，有

$$u_o = -R_F\left(\frac{u_{i1}}{R_1}+\frac{u_{i2}}{R_2}+\frac{u_{i3}}{R_3}\right)$$

4. 减法运算电路

减法运算电路如图 7-25 所示。用减法运算电路的双端输入可以进行减法运算。

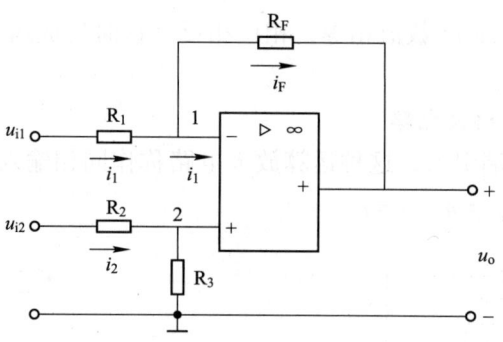

图 7-25 减法运算电路

根据分析电路的两条重要结论，并利于"虚短"和"虚断"的概念，有

$$u_o = \frac{R_2+R_3}{R_2} \cdot \frac{R_3}{R_2+R_3}u_{i2} - \frac{R_F}{R_1}u_{i1}$$

$$= \frac{R_3}{R_2}u_{i2} - \frac{R_F}{R_1}u_{i1}$$

$$= \frac{R_F}{R_1}(u_{i2}-u_{i1})$$

当 $R_F = R_1$ 时，上式变为

$$u_o = u_{i2} - u_{i1}$$

可见，输出电压 u_o 为两个输入电压之差，实现了减法运算功能。

5. 积分运算电路

在反相输入运算电路中，用电容 C_F 代替电阻 R_F 作为反馈元件，就成为积分运算电路，如图 7-26 所示。

积分运算电路可实现积分运算及产生三角波等，输出电压与输入电压呈积分关系。它是利用电容的充放电来实现积分运算的。由"虚短"和"虚断"可得输出电压为

$$u_o = -\frac{1}{C_F}\int i_1 dt = -\frac{1}{C_F}\int \frac{u_i}{R_1} dt$$
$$= -\frac{1}{C_F R_1}\int u_i dt$$

6. 微分运算电路

在反相输入运算放大电路中，用电容 C 代替电阻 R_1 接在放大器的反相输入端时，则构成了微分电路，如图 7-27 所示。

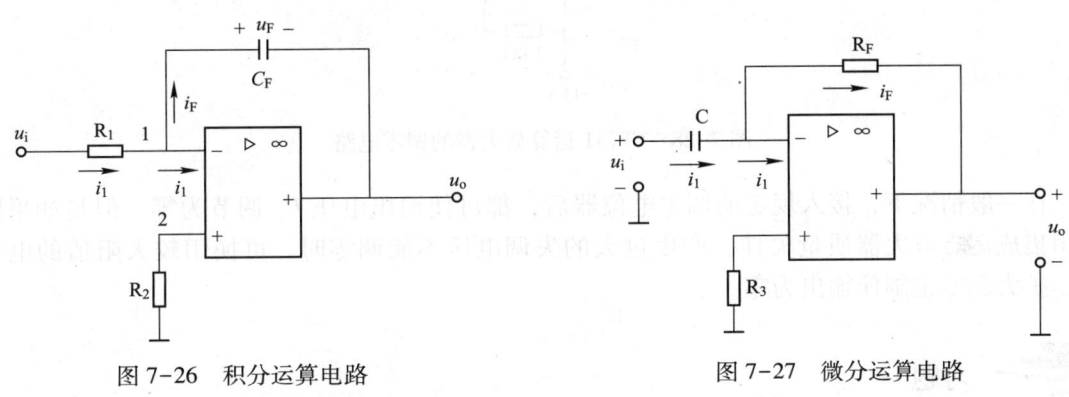

图 7-26　积分运算电路　　　　图 7-27　微分运算电路

由"虚短"和"虚断"可得，输出电压为

$$u_o = -R_F \cdot C_1 \frac{du_i}{dt}$$

可知，输出电压 u_o 与输入电压 u_i 之间呈微分关系，$-R_F C_1$ 为微分常数，符号表明两者在相位上是反相的。

7.3.5　集成运算使用中的问题

1. 消振

由于运算放大器内部极间电容和其他寄生参数的影响，很容易产生自激振荡，即在运算放大器输入信号为零时，输出端存在近似正弦波的高频电压信号，在与人体或金属物体接近时尤为显著，这将使运算放大器不能正常工作。为此，在使用时要注意消振。目前由于集成工艺水平的提高，运算放大器内部已有消振元件，无须外部消振。为了确定是否已消振，可将输入端接"地"，用示波器观察输出端有无高频振荡波形。如有自激振荡，需要检查反馈极性是否接错，考虑外接元件参数是否合适或接线的杂散电感、电容是否过大等，而采取相应措施。必要时可外接以消振电路 RC。

2. 调零

由于集成运算放大器的内部参数不可能完全对称，以致当输入信号为零时，输出电压 U_o 不等于零。为此，在使用时要外接调零电路。如图 7-28 所示为 CF741 运算放大器的调零

电路图，它的调零电路由-15 V 电源、1 kΩ 电阻和调零电位器 R_P 组成。先消振、再调零，调零时应将电路接成闭环。在无输入下调零，即将两个输入端均接"地"，调节调零电位器 R_P，使输出电压 U_o 为零。

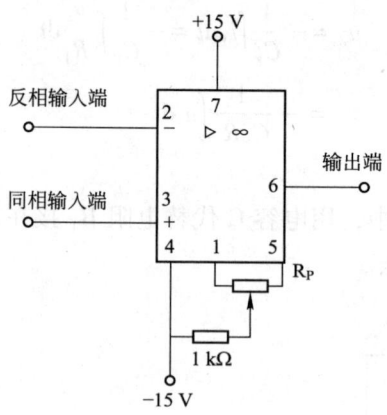

图 7-28　CF741 运算放大器的调零电路

在一般情况下，接入规定的调零电位器后，都可使输出电压 U_o 调节为零。但是如果因所用集成运算放大器质量欠佳，产生过大的失调电压不能调零时，可换用较大阻值的电位器，扩大调零范围使输出为零。

习题

如图 7-29 所示，（1）设 $R_1 = 10\ \text{k}\Omega$，$R_F = 50\ \text{k}\Omega$，求 A_f。（2）如果 $u_i = -1\ \text{V}$，求 u_o。

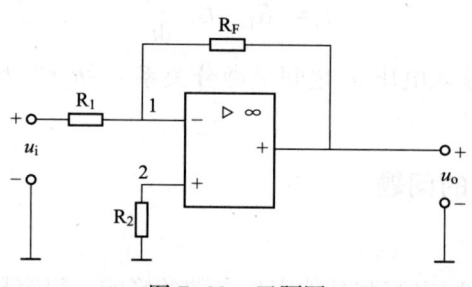

图 7-29　习题图

项目8 数字电路认知

项目描述

用于传递、处理数字信号的电子线路称为数字电路,它能够实现对数字信号的传输、逻辑运算、控制、计数、寄存、显示及脉冲信号的产生和转换。数字电路被广泛地应用于数字电子计算机、数字通信系统、数字式仪表、数字控制装置及工业逻辑系统等领域。

教学目标

【能力目标】
1. 能正确认识模拟信号和数字信号,并且知道它们的区别与优缺点。
2. 学会用数学的方法对数字信号进行处理。
3. 学会探究学习,具备自主探究学习的能力。

【知识目标】
1. 理解并掌握数制及其转换方法。
2. 熟练掌握逻辑变量及逻辑含义。
3. 掌握逻辑函数的几种表示方法。
4. 了解数字电子技术的理论基础。

【素质目标】
1. 能够形成自主探究学习的意识。
2. 树立"安全第一"的责任意识,养成遵章守纪的工作习惯。

任务 8.1　数制与编码

任务内容

了解数字电路，认识数字信号，认识数制与码制。

8.1.1　数字电路和模拟电路

模拟电路，是指用于传递、处理模拟信号的电子线路。模拟电路可应用于无线电通信、工业自动控制、电子仪器仪表，以及日常生活中的电视机、录像机等家用电器中（也有采用数字电路的）。

数字电路，是指用于传递、处理数字信号的电子线路，它能够实现对数字信号的传输、逻辑运算、控制、计数、寄存、显示及脉冲信号的产生和转换。数字电路被广泛地应用于数字电子计算机、数字通信系统、数字式仪表、数字控制装置及工业逻辑系统等领域。

与模拟电路相比，数字电路的优点如下：
（1）便于集成生产，通用性强，使用方便，如计算机。
（2）抗干扰能力强，如数字通信。
（3）易于存储、加密、压缩、传输和再现，如光盘和数字通信。

8.1.2　数字信号和模拟信号

人们分析物理量的信号波形可以发现有两种性质不同的物理量，（如图 8-1 和图 8-2 所示）。

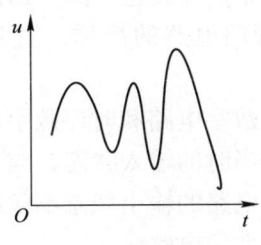
图 8-1　模拟信号

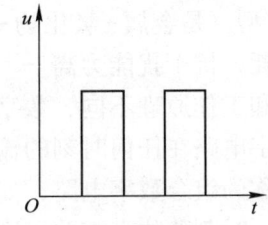
图 8-2　数字信号

模拟信号，是指在时间上、数值上均连续的信号，即数值随时间连续变化。模拟信号的典型代表是温度、速度、压力、磁场、电场等，它们通过传感器变成电信号。

数字信号，是指在时间上和数值上均离散的信号，即在时间上是断续的，在数值上是断续的，它的典型代表是方波。

1. 数字电路

数字电路又叫作逻辑电路，研究的主要问题是输出数字信号与输入数字信号的逻辑关系。以图8-2为例，数字信号在数值上是不连续的，反映在电位上就有高低电平之分，分别用数码0和1表示，见表8-1。

表 8-1 逻辑关系

	高电平	低电平
正逻辑关系	1	0
负逻辑关系	0	1

此时的数码0和1不再表示两个数字，而是代表了两个相反的逻辑状态，如高电平与低电平，开与关，导通与截止，是与非等等。相应地，此时的数码0和1进行的运算不再是算术运算（加减乘除），而是逻辑代数运算（与或非）。

数字电路研究的是数字信号的逻辑关系，进行的是逻辑代数运算。

2. 数字电路的分类

（1）按电路结构不同，数字电路可分为分立电路和集成电路两种。

分立电路由二极管、三极管、电阻、电容等元件组成。集成电路则通过半导体制造工艺将这些元件做在一个芯片上。

随着集成电路技术的不断发展，具有体积小、重量轻、功耗小、价格低、可靠性高等特点的集成电路会逐步代替体积大、可靠性不高的分立电路。

集成电路按集成程度的不同可再细分为小、中、大、超大规模集成电路。

每个小规模集成电路含有10~99个元件，如逻辑门、触发器等逻辑单元电路；每个中规模集成电路含有100~999个元件，如计数器、译码器、编码器、数据选择器、寄存器、算术运算器、数值比较器、转换电路等逻辑部件；每个大规模集成电路含有1 000~99 999个元件，如中央控制器、存储器、转换电路等逻辑系统；每片超大规模集成电路含100 000以上个元件，如单片机等高集成度的数字电路。

（2）按制作工艺不同，数字电路可分为双极型和单极型两类。

双极型电路即TTL型，是晶体管-晶体管逻辑电路的简称，主要由双极型三极管组成，TTL型数字电路生产工艺成熟，产品参数稳定，工作可靠，开关速度高，因此应用广泛。单极型电路即MOS型，是金属-氧化物-半导体场效应管门电路的简称，主要由场效应管集成，优点是低功耗，抗干扰能力高。

（3）按结构和工作原理不同，数字电路可分为组合数字电路和时序数字电路两类。

如果一个数字电路在任何时刻的输出状态只取决于当时的输入状态，与电路原来的状态无关，则该电路称为组合数字电路；如果在任一时刻，电路的输出状态不仅取决于当时的输入状态，还与前一时刻的状态有关，则该电路称为时序数字电路。

3. 脉冲波形的主要参数

理想的数字信号为矩形波，如图8-3所示。

实际电路中不可避免存在储能元件（电容、电感），数字信号波形如图8-4所示。

有关参数：

（1）脉冲幅度：脉冲电压波形变化的最大值，单位为伏（V）。

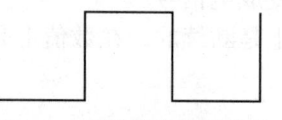

图 8-3 理想数字信号波形

(2) 脉冲上升时间：脉冲波形从 $0.1U_m$ 上升到 $0.9U_m$ 所需的时间。

(3) 脉冲下降时间：脉冲波形从 $0.9U_m$ 下降到 $0.1U_m$ 所需的时间。

脉冲上升时间和脉冲下降时间越短，实际波形越接近理想的脉冲波形。

(4) 脉冲宽度：脉冲上升沿 $0.1U_m$ 到下降沿 $0.1U_m$ 所需时间。

(5) 脉冲周期：相邻两个脉冲波形重复出现所需时间。

(6) 脉冲频率：单位时间内脉冲出现的次数。

(7) 占空比：描述脉冲波形的疏密程度。

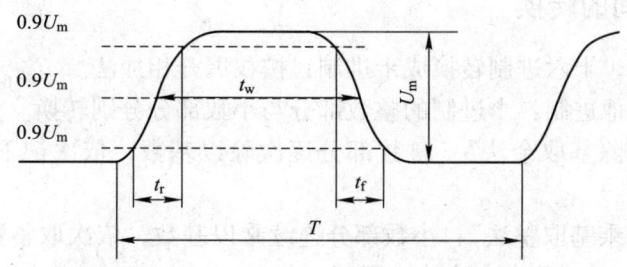

图 8-4　储能元件的数字信号波形

8.1.3　数制

数制就是记数的方法。常见计数方法有以下几种。

1. 十进制

数码 10 个：0、1、2、3、4、5、6、7、8、9

基数：10（进制所含数码个数）

进位规则：逢十进一

位权：10 的幂

例：$123.45 = 1 \times 10^2 + 2 \times 10^1 + 3 \times 10^0 + 4 \times 10^{-1} + 5 \times 10^{-2}$

2. 二进制

数码 2 个：0、1

基数：2

进位规则：逢二进一

位权：2 的幂

例：$(1\,001.01)_2 = 1 \times 2^3 + 0 \times 2^2 + 0 \times 2^1 + 1 \times 2^0 + 0 \times 2^{-1} + 1 \times 2^{-2} = (9.25)_{10}$

运算规则：加法规则和乘法规则

加法规则：0+0=0，0+1=1，1+0=1，1+1=10

乘法规则：0×0=0，0×1=0，1×0=0，1×1=1

3. 八进制

数码 8 个：0、1、2、3、4、5、6、7

基数：8

进位规则：逢八进一

位权：8 的幂

例：$(123.4)_8 = 1×8^2+2×8^1+3×8^0+4×8^{-1} = (83.5)_{10}$

4. 十六进制

数码 16 个：0、1、2、3、4、5、6、7、8、9、A、B、C、D、E、F

基数：16

进位规则：逢十六进一

位权：16 的幂

例：$(4DE.A8)_{16} = 4×16^2+D×16^1+E×16^0+A×16^{-1}+8×16^{-2} = (1\,246.656\,25)_{10}$

8.1.4 不同进制间的转换

二进制、八进制、十六进制转换成十进制：按权展开相加法。

十进制转换为其他进制：十进制的整数部分与小数部分分别转换。

整数部分采用"除基取余法"：整数部分逐次除以基数，依次记下余数，直至商为 0，读数方向为从下到上。

小数部分采用"乘基取整法"：小数部分连续乘以基数，依次取整数，直至小数部分为 0，或达到要求的精度，读数方向为从上到下。

1. 十进制数转换成二进制数

例：将十进制数 37.48 转换成二进制数、八进制数，小数点后保留三位。

解：$(37.48)_{10} = (37)_{10}+(0.48)_{10}$

(1) 十进制数 37.48 转换成二进制数。

整数部分：

```
2 | 37    余数
2 | 18     1    ↑ 低位
2 |  9     0
2 |  4     1
2 |  2     0
2 |  1     0
    0      1    ↓ 高位
```

$(37)_{10} = (100101)_2$

小数部分：

```
  0.48     整数
×    2            ↑ 高位
  0.96      0
  0.96
×    2
  1.92      1
  0.92
×    2
  1.84      1    ↓ 低位
```

$(0.48)_{10} = (0.011)_2$

所以，$(37.48)_{10} = (100101.011)_2$

(2) 十进制数 37.48 转换成八进制数。

$(37)_{10} = (45)_8$

```
    8 | 37    余数
    8 | 4     5
        0     4      高位

        0.48         整数    高位
      ×    8
        3.84         3
        0.84
      ×    8
        6.72         6
        0.72
      ×    8
        5.76         5      低位
```

$(0.48)_{10} = (0.365)_8$

所以，$(37.48)_{10} = (45.365)_8$

2. 二进制与八进制的转换

规则：每三位二进制数相当于一位八进制数。

二进制数转换为八进制数：以小数点为中心，分别向左、向右两边延伸，每三位二进制数为一组，用对应的八进制数来表示；不足三位的，用 0 补足。

八进制转换为二进制：每位八进制数用三位二进制数来代替，去掉多余的 0（最前面和最后面的 0）。

3. 二进制与十六进制的转换（类似于二进制与八进制的转换）

规则：每四位二进制数相当于一位十六进制数。

二进制数转换为十六进制数：以小数点为中心，分别向左、向右两边延伸，每四位二进制数用一位十六进制数来表示；不足四位的，用 0 补足。

十六进制转换为二进制：每位十六进制数用四位二进制数来代替，去掉多余的 0（最前面和最后面的 0）。

例：将二进制数 1001101.010 转换为八进制数和十六进制数。

解：　二进制　　　001　001　101. 010
　　　　八进制　　　　 1　　1　　5. 2

所以 $(1001101.010)_2 = (115.2)_8$

　　　二进制　　　0100　1101. 0100
　　　十六进制　　 4　　 D . 4

所以 $(1001101.010)_2 = (4D.4)_8$

8.1.5 码制

编码：用按一定规则组成的二进制码表示文字、数字、符号等，如 ASCII 码、汉字内部码。

二进制编码方式有多种，二-十进制码，又称 BCD 码（binary-coded-decimal），是其中一种常用的码，它是用二进制代码来表示十进制的 0~9 十个数。

要用二进制代码来表示十进制的 0~9 十个数，至少要用 4 位二进制数。4 位二进制数有 16 种组合，可从这 16 种组合中选择 10 种组合分别来表示十进制的 0~9 十个数。选哪 10 种组合，有多种方案，这就形成了不同的 BCD 码。具有一定规律的常用 BCD 码见表 8-2。

表 8-2 常用 BCD 码

十进制数	8421 码	2421 码	5421 码	余 3 码
0	0 0 0 0	0 0 0 0	0 0 0 0	0 0 1 1
1	0 0 0 1	0 0 0 1	0 0 0 1	0 1 0 0
2	0 0 1 0	0 0 1 0	0 0 1 0	0 1 0 1
3	0 0 1 1	0 0 1 1	0 0 1 1	0 1 1 0
4	0 1 0 0	0 1 0 0	0 1 0 0	0 1 1 1
5	0 1 0 1	1 0 1 1	1 0 0 0	1 0 0 0
6	0 1 1 0	1 1 0 0	1 0 0 1	1 0 0 1
7	0 1 1 1	1 1 0 1	1 0 1 0	1 0 1 0
8	1 0 0 0	1 1 1 0	1 0 1 1	1 0 1 1
9	1 0 0 1	1 1 1 1	1 1 0 0	1 1 0 0
位权	8 4 2 1 $b_3 b_2 b_1 b_0$	2 4 2 1 $b_3 b_2 b_1 b_0$	5 4 2 1 $b_3 b_2 b_1 b_0$	无权

注意，BCD 码用 4 位二进制码表示的只是十进制数的一位。如果是多位十进制数，应先将每一位用 BCD 码表示，然后组合起来。

例：将十进制数 83 分别用 8421 码、2421 码和余 3 码表示。

解：由表 8-2 可得

$(83)_D = (10000011)_{8421}$

$(83)_D = (11100011)_{2421}$

$(83)_D = (10110110)_{余3}$

还有一种常用的四位无权码称为格雷码，其编码见表 8-3。这种码看似无规律，它是按照"相邻性"编码的，即相邻两码之间只有一位数字不同。格雷码常用于模拟量的转换中，当模拟量发生微小变化而可能引起数字量发生变化时，格雷码仅改变 1 位，这样与其他码同时改变两位或多位的情况相比更为可靠，可以减少出错的可能性。可以用四变量卡诺图（如图 8-5 所示）帮助记忆格雷码的编码方式。

表 8-3 格雷码

十进制数	G_3	G_2	G_1	G_0
0	0	0	0	0
1	0	0	0	1
2	0	0	1	1
3	0	0	1	0
4	0	1	1	0
5	0	1	1	1

续表

十进制数	G_3	G_2	G_1	G_0
6	0	1	0	1
7	0	1	0	0
8	1	1	0	0
9	1	1	0	1
10	1	1	1	1
11	1	1	1	0
12	1	0	1	0
13	1	0	1	1
14	1	0	0	1
15	1	0	0	0

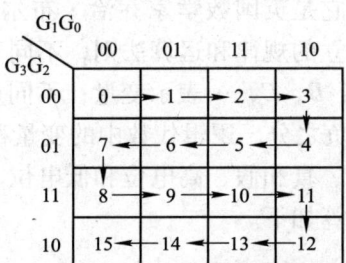

图 8-5 四变量卡诺图

习题

1. $(10110010)_2 = (\underline{\qquad})_8 = (\underline{\qquad})_{16}$
2. $(30)_8 = (\underline{\qquad})_2 = (\underline{\qquad})_{10} = (\underline{\qquad})_{16} = (\underline{\qquad})_{8421BCD}$

任务 8.2 基本的逻辑门电路与应用

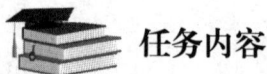

认识逻辑代数,掌握逻辑代数的运算。

8.2.1 逻辑代数的基本运算

逻辑,是指一定的因果关系。逻辑代数是描述客观事物逻辑关系的数学方法,是进行逻辑分析与综合的数学工具。因为它是英国数学家乔治·布尔于 1847 年提出的,所以又称为布尔代数。逻辑代数有其自身独立的规律和运算法则,不同于普通代数。

它们的相同点是都用字母 A,B,C,…表示变量;不同点是逻辑代数变量的取值范围仅为"0"和"1",且无大小、正负之分。逻辑代数中的变量称为逻辑变量。"0"和"1"表示两种不同的逻辑状态:是和非、真和假、高电位和低电位、有和无、开和关等。

逻辑代数的三种基本逻辑运算如下。

1. 与逻辑

当决定某一事件的全部条件都具备时,该事件才会发生,这样的因果关系称为与逻辑关系,简称与逻辑。

串联开关电路如图 8-6 所示,串联开关电路功能见表 8-4。

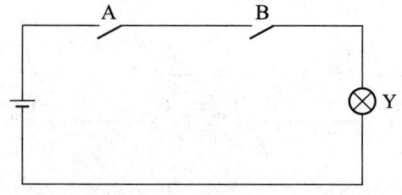

图 8-6 串联开关电路

表 8-4 串联开关电路功能表

开关 A	开关 B	灯 Y
断开	断开	灭
断开	闭合	灭
闭合	断开	灭
闭合	闭合	亮

设定逻辑变量并状态赋值:

逻辑变量 A 和 B,对应两个开关的状态,1——闭合,0——断开;

逻辑函数 Y，对应灯的状态，1——灯亮，0——灯灭；

逻辑表达式 $Y = A \cdot B = AB$，

符号"·"读作"与"（或读作"逻辑乘"），在不致引起混淆的前提下，"·"常被省略。实现与逻辑的电路称作与门，与逻辑和与门的逻辑符号如图 8-7 所示，符号"&"表示与逻辑运算。

若开关数量增加，则逻辑变量增加。三变量串联开关电路如图 8-8 所示，与逻辑真值表见表 8-5。

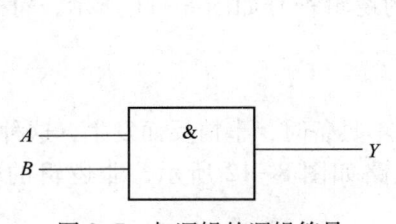

图 8-7　与逻辑的逻辑符号

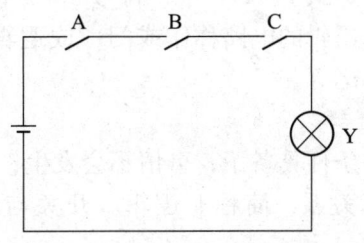

图 8-8　三变量串联开关电路

表 8-5　与逻辑真值表

A	B	C	Y
0	0	0	0
0	0	1	0
0	1	0	0
0	1	1	0
1	0	0	0
1	0	1	0
1	1	0	0
1	1	1	1

三变量逻辑表达式 $Y = A \cdot B \cdot C = ABC$

三变量与逻辑的逻辑符号如图 8-9 所示。

2. 或逻辑

当决定某一事件的所有条件中，只要有一个条件具备，该事件就会发生，这样的因果关系叫作或逻辑关系，简称或逻辑。

并联开关电路如图 8-10 所示，或逻辑的真值表见表 8-6。

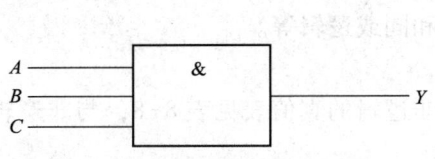

图 8-9　三变量与逻辑的逻辑符号

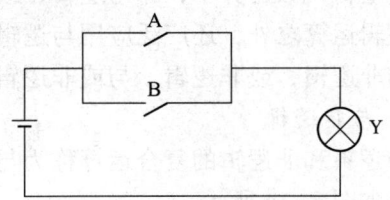

图 8-10　并联开关电路

表 8-6 或逻辑的真值表

A	B	Y
0	0	0
0	1	1
1	0	1
1	1	1

逻辑表达式 $Y=A+B$ 中,符号"+"读作"或"(或读作"逻辑加")。

实现或逻辑的电路称作或门,或逻辑和或门的逻辑符号如图 8-11 所示,符号"≥1"表示或逻辑运算。

3. 非逻辑

当某一条件具备了,事情不会发生;而此条件不具备时,事情反而发生,这种逻辑关系称为非逻辑关系,简称非逻辑。开关与灯并联电路如图 8-12 所示,非逻辑的真值表见表 8-7。

图 8-11 或逻辑的逻辑符号

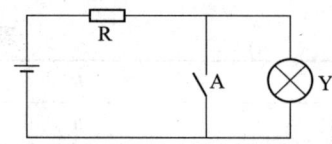

图 8-12 开关与灯并联电路

表 8-7 非逻辑的真值表

A	Y
0	1
1	0

图 8-13 非逻辑的逻辑符号

逻辑表达式 $Y=\overline{A}$ 中,符号"—"读作"非"。

实现非逻辑的电路称作非门,非逻辑和非门的逻辑符号如图 8-13 所示。

逻辑符号中用小圆圈"。"表示非运算,符号中的"1"表示缓冲。

8.2.2 复合逻辑运算

在逻辑代数运算中,除与逻辑、或逻辑、非逻辑三种基本逻辑运算之外,还广泛应用与逻辑、或逻辑、非逻辑的不同组合,最常见的复合逻辑运算有与非逻辑、或非逻辑、与或非逻辑、异或逻辑和同或逻辑等。

1. 与非逻辑

与逻辑和非逻辑的复合运算称为与非逻辑。与非逻辑的真值表见表 8-8,与非逻辑的逻辑符号如图 8-14 所示。

逻辑表达式为

$$Y=\overline{ABC}$$

表 8-8　与非逻辑的真值表

A	B	C	Y
0	0	0	1
0	0	1	1
0	1	0	1
0	1	1	1
1	0	0	1
1	0	1	1
1	1	0	1
1	1	1	0

结论:"有 0 必 1，全 1 才 0"。

2. 或非逻辑

或逻辑和非逻辑的复合运算称为或非逻辑。

逻辑表达式为

$$Y=\overline{A+B+C}$$

或非逻辑的真值表见表 8-9，或非逻辑的逻辑符号如图 8-15 所示。

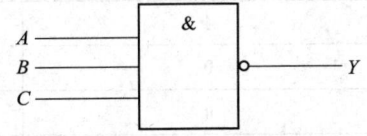

图 8-14　与非逻辑的逻辑符号

表 8-9　或非逻辑的真值表

A	B	C	Y
0	0	0	1
0	0	1	0
0	1	0	0
0	1	1	0
1	0	0	0
1	0	1	0
1	1	0	0
1	1	1	0

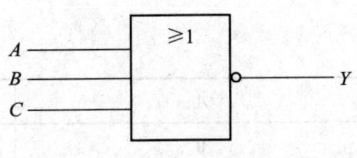

图 8-15　或非逻辑的逻辑符号

3. 与或非逻辑

与逻辑、或逻辑和非逻辑的复合运算称为与或非逻辑。与或非逻辑的逻辑符号如图 8-16 所示。

逻辑表达式为

$$Y=\overline{AB+CD}$$

4. 异或逻辑

异或逻辑，是指两个输入变量取值相同时输出为 0，取值不相同时输出为 1。

逻辑表达式为

$$Y = A \oplus B = \overline{A}B + A\overline{B}$$

式中，符号"$\oplus$"表示异或运算。异或逻辑的逻辑符号如图 8-17 所示，异或逻辑的真值表见表 8-10。

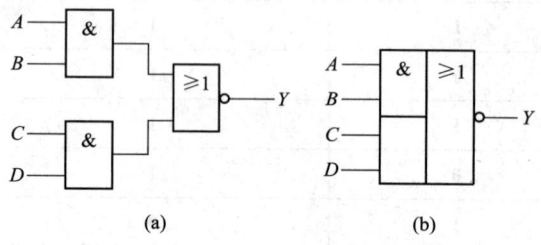

(a)　　　　　　(b)

图 8-16　与或非逻辑的逻辑符号

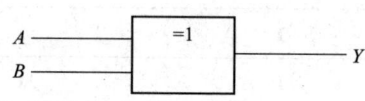

图 8-17　异或逻辑的逻辑符号

表 8-10　异或逻辑的真值表

A	B	Y
0	0	0
0	1	1
1	0	1
1	1	0

5. 同或逻辑

所谓同或逻辑，是指两个输入变量取值相同时输出为 1，取值不相同时输出为 0。

逻辑表达式为

$$Y = A \odot B = \overline{A}\,\overline{B} + AB$$

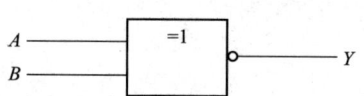

图 8-18　同或逻辑的逻辑符号

式中，符号"$\odot$"表示同或逻辑。同或逻辑的逻辑符号如图 8-18 所示，同或逻辑的真值表见表 8-11。

表 8-11　同或逻辑的真值表

A	B	Y
0	0	1
0	1	0
1	0	0
1	1	1

8.2.3　逻辑函数及其表示法

输入逻辑变量和输出逻辑变量之间的函数关系称为逻辑函数，写为

$$Y=F(A, B, C, D, \cdots)$$

式中，A、B、C、D 为有限个输入逻辑变量；F 为有限次逻辑运算（与逻辑、或逻辑、非逻辑）的组合。

表示逻辑函数的方法有真值表、逻辑函数表达式、逻辑图。

1. 真值表

真值表是将输入逻辑变量的所有可能取值与相应的输出变量函数值排列在一起而组成的表格。

真值表的特点包括：①唯一性；②按自然二进制递增顺序排列（既不易遗漏，也不会重复）；③n 个输入变量就有 $2n$ 个不同的取值组合。

1 个输入变量有 0 和 1 两种取值，n 个输入变量就有 $2n$ 个不同的取值组合。

例：逻辑函数 $Y=AB+BC+AC$

逻辑函数 $Y=AB+BC+AC$ 的真值表见表 8-12 所示。

表 8-12 逻辑函数 $Y=AB+BC+AC$ 的真值表

A	B	C	Y
0	0	0	0
0	0	1	0
0	1	0	0
0	1	1	1
1	0	0	0
1	0	1	1
1	1	0	1
1	1	1	1

例：两个单刀双掷开关 A 和 B 分别装在楼上和楼下。无论在楼上还是在楼下都能单独控制开灯和关灯。对 L，1 表示灯亮，0 表示灯灭。对于开关 A 和 B，用 1 表示开关向上扳，用 0 表示开关向下扳。

控制楼梯照明灯的电路真值表如表 8-13 所示。

表 8-13 控制楼梯照明灯的电路真值表

A	B	L
0	0	1
0	1	0
1	0	0
1	1	1

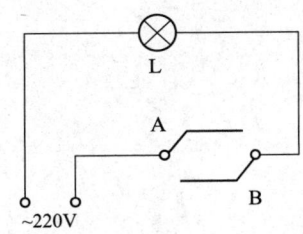

图 8-19 控制楼梯照明灯的电路

2. 逻辑表达式

按照对应的逻辑关系，把输出变量表示为输入变量的与逻辑、或逻辑、非逻辑三种运算的组合，称之为逻辑函数表达式（简称逻辑表达式）。

由真值表可以方便地写出逻辑表达式，方法为：
(1) 找出使输出为 1 的输入变量取值组合；
(2) 取值为 1 用原变量表示，取值为 0 的用反变量表示，则真值表中每组可写成一个乘积项；
(3) 将乘积项相加即得逻辑表达式。

例如，由控制楼梯照明灯的电路真值表可以用逻辑表达式表示为

$$L = \overline{A}\,\overline{B} + AB$$

3. 逻辑图

用相应的逻辑符号将逻辑表达式的逻辑运算关系表示出来，就可以画出逻辑函数的逻辑图。例如，控制楼梯照明灯的电路所对应逻辑图如图 8-20 所示。

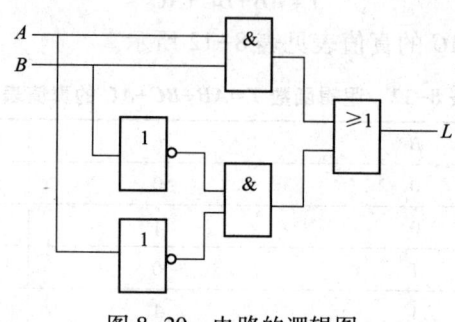

图 8-20　电路的逻辑图

习题

把图 8-20 的电路逻辑图转换成逻辑表达式。

任务8.3 逻辑函数的化简

任务内容

掌握逻辑代数的运算规则，掌握用卡诺图对逻辑代数进行化简。

8.3.1 逻辑代数的公式

已知：$Y=F_1(A,B,C,D,\cdots)$
$W=F_2(A,B,C,D,\cdots)$
问：$Y=W$ 的条件？

仅当 $A,B,C,D,\cdots$ 的任一组取值所对应的 Y 和 W 都相同，具体表现为二者的真值表完全相同时，$Y=W$。

等号"="不表示两边数值相等，仅表示一种等价、等效的逻辑关系。因为逻辑变量和逻辑函数的取值0和1是不能比较大小的，仅表示一种状态。

结论：可用真值表验证逻辑函数是否相等。

1. 基本公式
1）常量之间的关系
$0 \cdot 0=0 \quad 0+0=0$
$0 \cdot 1=0 \quad 0+1=1$
$1 \cdot 0=0 \quad 1+0=1$
$1 \cdot 1=1 \quad 1+1=1$
$\overline{0}=1 \quad \overline{1}=0$

这些常量之间的关系，同时也体现了逻辑代数中的基本运算规则，也叫作公理，它是人为规定的，这样规定，既与逻辑思维的推理一致，又与人们已经习惯了的普通代数的运算规则相似。

2）逻辑代数的基本公式
逻辑代数的基本公式见表8-14。

表8-14 逻辑代数的基本公式

01律	（1）$A \cdot 1=A$ （3）$A \cdot 0=0$	（2）$A+0=A$ （4）$A+1=1$
交换律	（5）$A \cdot B=B \cdot A$	（6）$A+B=B+A$
结合律	（7）$A \cdot (B \cdot C)=(A \cdot B) \cdot C$	（8）$A+(B+C)=(A+B)+C$

续表

分配律	(9) $A \cdot (B+C) = A \cdot B + A \cdot C$	(10) $A+(BC) = (A+B)(A+C)$
互补律	(11) $A \cdot \overline{A} = 0$	(12) $A + \overline{A} = 1$
重叠律	(13) $A \cdot A = A$	(14) $A + A = A$
反演律	(15) $\overline{AB} = \overline{A} + \overline{B}$	(16) $\overline{A+B} = \overline{A} \cdot \overline{B}$
还原律	(17) $\overline{\overline{A}} = A$	

2. 常用公式

逻辑代数的常用公式见表 8-15 所示。

表 8-15 逻辑代数的常用公式

常用公式	证明
① $AB + A\overline{B} = A$	$AB + A\overline{B} = A(B + \overline{B}) = A \cdot 1 = A$
② $A + AB = A$	$A + AB = A(1+B) = A \cdot 1 = A$
③ $A + \overline{A}B = A+B$	$A + \overline{A}B = (A + \overline{A})(A + B)$ $= 1 \cdot (A+B) = A+B$
④ $AB + \overline{A}C + BC = AB + \overline{A}C$ 推论： $AB + \overline{A}C + BCDE = AB + \overline{A}C$	原式 $= AB + \overline{A}C + BC(A + \overline{A})$ $= AB + \overline{A}C + ABC + \overline{A}BC$ $= AB(1+C) + \overline{A}C(1+B)$ $= AB + \overline{A}C$

3. 运算规则

1) 代入规则

理论依据：任何一个逻辑函数也和任何一个逻辑变量一样，只有逻辑 0 和逻辑 1 两种取值。因此，可将逻辑函数作为一个逻辑变量对待。

$$\overline{AB} = \overline{A} + \overline{B}$$
$$\overline{A(BC)} = \overline{A} + \overline{BC}$$
$$\overline{ABC} = \overline{A} + \overline{B} + \overline{C}$$

推广
$$\overline{ABC\cdots} = \overline{A} + \overline{B} + \overline{C} + \cdots$$

2) 反演规则

对任何一个逻辑表达式 Y 进行反演变换，可得 Y 的反函数 $\overline{Y}$，这个规则叫作反演规则。

反演变换：

"·" → "+" $Y = \overline{A} + \overline{B} + CD + 0$

"+" → "·" $\overline{Y} = A \cdot B \cdot (\overline{C} + \overline{D}) \cdot 1$

"0" → "1"

"1" → "0"，

$$Y = A + B + \overline{C + D + \overline{E}}$$

原变量→反变量　　　　　　$Y = \overline{\overline{A} \cdot \overline{B} \cdot \overline{C} \cdot \overline{D} \cdot \overline{E}}$

反变量→原变量　　　　　　$Y = \overline{A \cdot (B + \overline{C} + \overline{D} + E)}$

运用反演规则时，要注意运算的优先顺序（先括号，再相与，最后或），必要时可加或减括号。

3）对偶规则

对任何一个逻辑表达式 Y 进行对偶变换，可得 Y 的对偶式 Y'。

对偶变换：

"·" → "+"

"+" → "·"

"0" → "1"　　　　　　$Y = A\overline{B} + A(C + 0)$

"1" → "0"　　　　　　$Y' = (A + \overline{B})(A + C \cdot 1)$

运用对偶规则时，同样应注意运算的优先顺序，必要时可加或减括号。

对偶定理：

若等式 $Y = W$ 成立，则等式 $Y' = W'$ 也成立。

利用对偶定理，可以使要证明和记忆的公式数目减少一半，见表 8-16。

表 8-16　互为对偶式

01 律	(1) $A \cdot 1 = A$	(2) $A + 0 = A$
	(3) $A \cdot 0 = 0$	(4) $A + 1 = 1$
交换律	(5) $A \cdot B = B \cdot A$	(6) $A + B = B + A$
结合律	(7) $A \cdot (B \cdot C) = (A \cdot B) \cdot C$	(8) $A + (B + C) = (A + B) + C$
分配律	(9) $A \cdot (B + C) = A \cdot B + A \cdot C$	(10) $A + (BC) = (A + B)(A + C)$
互补律	(11) $A \cdot \overline{A} = 0$	(12) $A + \overline{A} = 1$
重叠律	(13) $A \cdot A = A$	(14) $A + A = A$
反演律	(15) $\overline{AB} = \overline{A} + \overline{B}$	(16) $\overline{A + B} = \overline{A} \cdot \overline{B}$
还原律	(17) $\overline{\overline{A}} = A$	

上述公式可用于化简逻辑函数。逻辑函数化简的意义在于可以通过化简的逻辑函数设计出简洁的逻辑电路。化简的基本原则是不改变原逻辑函数所表达的逻辑关系。

8.3.2　逻辑函数的卡诺图化简法

公式化简法的优点为变量个数不受限制；缺点为目前尚无一套完整的方法，结果是否最简有时不易判断。利用卡诺图可以直观而方便地化简逻辑函数。它克服了公式化简法对最终化简结果难以确定等缺点。

卡诺图是按一定规则画出来的方框图，是逻辑函数的图解化简法，同时它也是表示逻辑函数的一种方法。卡诺图的基本组成单元是最小项，所以先讨论一下最小项及最小项表达式。

1. 最小项及最小项表达式

1）最小项

设 A，B，C 是三个逻辑变量，若由这三个逻辑变量按以下规则构成乘积项：

（1）每个乘积项包含所有三个变量；

（2）每个变量都以反变量（$\bar{A}$，$\bar{B}$，$\bar{C}$）或以原变量（A，B，C）的形式出现一次，且仅出现一次。

具备以上条件的乘积项共 8 个，人们称这 8 个乘积项为三变量 A，B，C 的最小项。

推广：一个变量仅有原变量和反变量两种形式，因此 N 个变量共有 $2N$ 个最小项。

最小项的定义：对于 N 变量的逻辑函数，如果 P 是一个含所有 N 个变量的乘积项，而且在此乘积项中每一变量都以原变量或者反变量的形式仅出现一次，那么就称乘积项 P 是这 N 变量逻辑函数的一个最小项。三变量最小项真值表见表 8-17 所示。

表 8-17 三变量最小项真值表

A	B	C	$\bar{A}\bar{B}\bar{C}$	$\bar{A}\bar{B}C$	$\bar{A}B\bar{C}$	$\bar{A}BC$	$A\bar{B}\bar{C}$	$A\bar{B}C$	$AB\bar{C}$	ABC
0	0	0	1	0	0	0	0	0	0	0
0	0	1	0	1	0	0	0	0	0	0
0	1	0	0	0	1	0	0	0	0	0
0	1	1	0	0	0	1	0	0	0	0
1	0	0	0	0	0	0	1	0	0	0
1	0	1	0	0	0	0	0	1	0	0
1	1	0	0	0	0	0	0	0	1	0
1	1	1	0	0	0	0	0	0	0	1

最小项的性质如下：

（1）对于任意一个最小项，只有一组变量取值使它的值为 1，而变量取其余各组值时，该最小项均为 0；

（2）任意两个不同的最小项之积恒为 0；

（3）变量全部最小项之和恒为 1。

最小项也可用"m_i"表示，下标"i"即最小项的编号。编号方法：把最小项取值为 1 所对应的那一组变量取值组合当成二进制数，与其相应的十进制数，就是该最小项的编号。三变量最小项的编号见表 8-18

表 8-18 三变量最小项的编号表

A	B	C	对应十进制数	最小项名称	编号
0	0	0	0	$\bar{A}\bar{B}\bar{C}$	m_0
0	0	1	1	$\bar{A}\bar{B}C$	m_1
0	1	0	2	$\bar{A}B\bar{C}$	m_2
0	1	1	3	$\bar{A}BC$	m_3
1	0	0	4	$A\bar{B}\bar{C}$	m_4
1	0	1	5	$A\bar{B}C$	m_5

续表

A	B	C	对应十进制数	最小项名称	编号
1	1	0	6	$A B \bar{C}$	m_6
1	1	1	7	$A B C$	m_7

2）最小项表达式

任何一个逻辑函数都可以表示为最小项之和的形式——标准与或表达式。而且这种形式是唯一的，就是说一个逻辑函数只有一种最小项表达式。

例：将 $Y=AB+BC$ 展开成最小项表达式。

解：$Y = AB+BC = AB(\bar{C}+C)+(\bar{A}+A)BC$
$\qquad = AB\bar{C}+ABC+\bar{A}BC$

或 $Y(A,B,C) = m_3+m_6+m_7$
$\qquad\qquad\qquad = \sum m_{(3,6,7)}$

2. 卡诺图及其画法

1）卡诺图及其构成原则

卡诺图是把最小项按照一定规则排列而构成的方框图，构成卡诺图的原则是：

（1）N 个变量的卡诺图有 2^N 个小方块（最小项）；

（2）最小项排列规则：几何相邻的必须逻辑相邻。

逻辑相邻：两个最小项，只有一个变量的形式不同，其余的都相同。逻辑相邻的最小项可以合并。

几何相邻的含义：

一是相邻——紧挨的；

二是相对——任一行或一列的两头；

三是相重——对折起来后位置相重。

2）卡诺图的画法

三变量（A、B、C）卡诺图的画法如图 8-21 所示。

（1）3 变量的卡诺图有 8 个小方块；

（2）几何相邻的必须逻辑相邻：变量的取值按 00、01、11、10 的顺序（循环码）排列。

四变量卡诺图的画法如图 8-22 所示。

A\BC	00	01	11	10
0	m_0	m_1	m_3	m_2
1	m_4	m_5	m_7	m_6

图 8-21 三变量卡诺图的画法

AB\CD	00	01	11	10
00	m_0	m_1	m_3	m_2
01	m_4	m_5	m_7	m_6
11	m_{12}	m_{13}	m_{15}	m_{14}
10	m_8	m_9	m_{11}	m_{10}

图 8-22 四变量卡诺图的画法

正确认识卡诺图的"逻辑相邻":上下相邻,左右相邻,并呈现"循环相邻"的特性,它类似于一个封闭的球面,如同展开了的世界地图一样;对角线上不相邻。

3. 用卡诺图表示逻辑函数

1)按照真值表画卡诺图

根据变量个数画出卡诺图,再按照真值表填写每一个小方块的值(0 或 1)即可(需注意二者顺序不同)。

例: 已知 Y 的真值表,画出 Y 的卡诺图。

逻辑函数 Y 的真值表见表 8-19,逻辑函数 Y 的卡诺图如图 8-23 所示。

表 8-19 逻辑函数 Y 的真值表

A	B	C	Y
0	0	0	0
0	0	1	1
0	1	0	1
0	1	1	0
1	0	0	1
1	0	1	0
1	1	0	0
1	1	1	1

A\BC	00	01	11	10
0	0	1	0	1
1	1	0	1	0

图 8-23 逻辑函数 Y 的卡诺图

AB\CD	00	01	11	10
00	m_0		m_3	
01		m_5	m_7	
11	m_{12}		m_{15}	
10		m_9		

2)按照最小项表达式画卡诺图

例: 画出函数 $Y(A、B、C、D) = \sum m_{(0,3,5,7,9,12,15)}$ 的卡诺图。

逻辑函数 Y 的卡诺图如图 8-24 所示。

3)按照与或表达式画卡诺图

把每一个乘积项所包含的那些最小项(该乘积项就是这些最小项的公因子)所对应的小方块都填上 1,剩下的填 0,就可以得到逻辑函数的卡诺图。

例: 画出函数 $Y=AB+A\overline{C}D+\overline{A}BCD$ 的卡诺图。

解: $AB=11$ $\overline{A}BCD=0111$ $A\overline{C}D=101$,最后将剩下的填 0。

$$Y_1 = AB$$
$$= AB(\overline{C}+C)(\overline{D}+D)$$
$$= AB\,\overline{CD}+AB\,\overline{C}D+ABC\,\overline{D}+ABCD$$
$$= \sum m_{(12,13,14,15)}$$
$$Y_2 = A\,\overline{C}D$$
$$= A(\overline{B}+B)\overline{C}D$$
$$= A\,\overline{B}\,\overline{C}D+AB\,\overline{C}D$$

AB\CD	00	01	11	10
00	1	0	1	0
01	0	1	1	0
11	1	0	1	0
10	0	1	0	0

图 8-24 逻辑函数 $Y(A、B、C、D)$ 的卡诺图

$$= \sum m_{(9,13)}$$

$$Y_3 = \overline{A}BCD$$

$$= m_7$$

逻辑函数 $Y=AB+A\overline{C}D+\overline{A}BCD$ 的卡诺图如图 8-25 所示。

4）按照一般形式表达式画卡诺图

先将表达式变换为与或表达式，则可画出卡诺图。

4. 卡诺图化简法

由于卡诺图两个相邻最小项中，只有一个变量取值不同，而其余的取值都相同。所以，合并相邻最小项，利用公式 $A+\overline{A}=1$，$AB+A\overline{B}=A$，可以消去一个或多个变量，从而使逻辑函数得到简化。

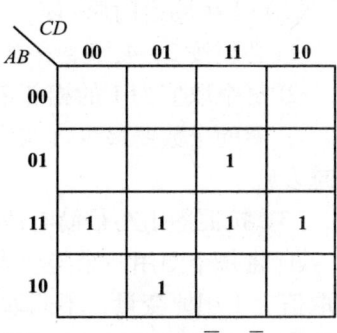

图 8-25　$Y=AB+A\overline{C}D+\overline{A}BCD$ 的卡诺图

1）卡诺图中最小项合并的规律

合并相邻最小项，可消去变量。

合并两个最小项，可消去一个变量（两个最小项合并如图 8-26 所示）；

合并四个最小项，可消去两个变量；

合并八个最小项，可消去三个变量。

合并 2^n 个最小项，可消去 N 个变量。

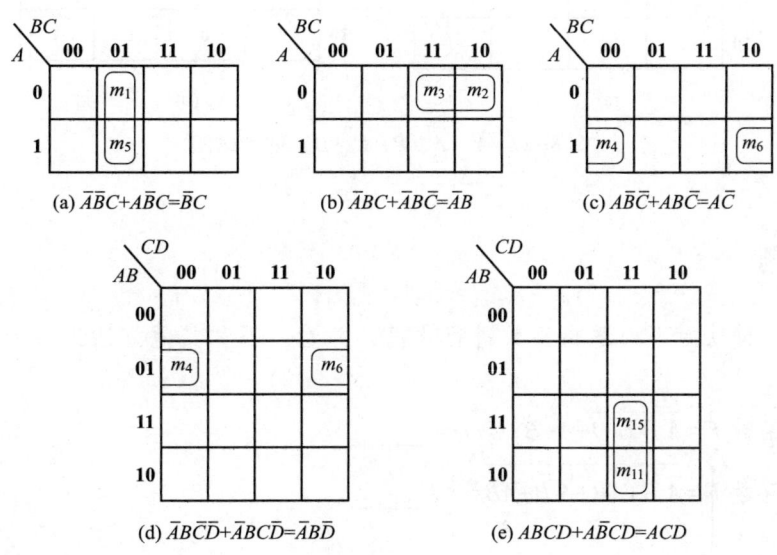

图 8-26　两个最小项合并

2）利用卡诺图化简逻辑函数

（1）基本步骤：

① 画出逻辑函数的卡诺图；

② 合并相邻最小项（圈组）；

③ 从圈组写出最简与或表达式。

关键是能否正确圈组。

（2）正确圈组的原则：

① 必须按 2，4，8，…的规律来圈取值为 1 的相邻最小项；

② 每个取值为 1 的相邻最小项至少必须圈一次，但可以圈多次；

③ 圈的个数要最少（与项就少），圈要尽可能大，圈的项数要尽可能多（消去的变量就越多）。

（3）按照圈组写最简与或表达式的方法：

① 将每个圈用一个与项表示，圈内各最小项中互补的因子消去，相同的因子保留，相同取值为 1 用原变量，不同取值为 0 用反变量。

② 将各与项相或，便得到最简与或表达式。

例：用卡诺图化简逻辑函数 $Y(A，B，C，D)= \sum m_{(0,1,2,3,4,5,6,7,8,10,11)}$

解：

逻辑函数 Y 的卡诺图如图 8-27 所示，化简得 $Y=\overline{A}+\overline{B}C+\overline{B}\,\overline{D}$。

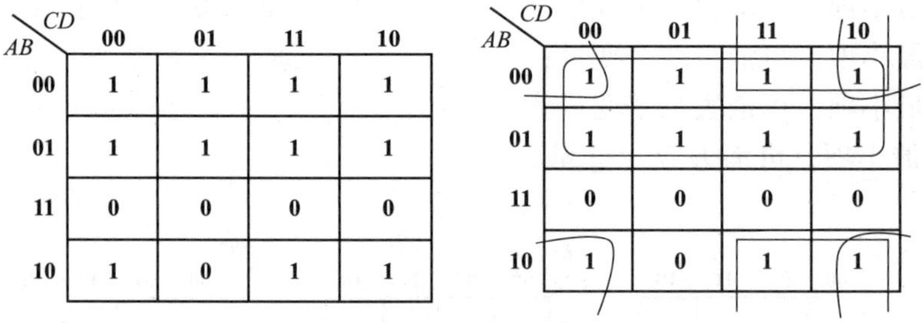

图 8-27 $Y(A、B、C、D)$ 的卡诺图

习题

用卡诺图化简法对下列逻辑函数进行化简，并看一下和其他方法进行的化简结果是否一致。

（1）逻辑函数 $F=\overline{A}\,\overline{B}\,\overline{C}\,\overline{D}+A+B+C+D=$ _____。

（2）逻辑函数 $F=\overline{A\,\overline{B}+\overline{A}B+\overline{A}\,\overline{B}+AB}=$ _____。

项目9　组合逻辑电路与时序逻辑电路认知

项目描述

数字电路按逻辑功能和电路组成的特点不同可分为两大类：组合逻辑电路和时序逻辑电路。从功能上看，组合逻辑电路的输出与电路原状态无关，仅取决于输入状态；时序逻辑电路某时刻的输出不仅与现输入状态有关，还与原状态有关。从结构上看，组合逻辑电路仅由若干逻辑门组成，没有存储单元，因而无记忆功能；而时序逻辑电路除了包含组合逻辑电路外，还有存储电路，因而具有记忆功能。

教学目标

【能力目标】
1. 能正确识别组合逻辑电路和时序逻辑电路。
2. 学会分析组合逻辑电路和时序逻辑电路。

【知识目标】
1. 掌握各种组合逻辑电路和时序逻辑电路。
2. 理解组合逻辑电路和时序逻辑电路的逻辑功能。
3. 掌握组合逻辑电路和时序逻辑电路的设计和分析方法。

【素质目标】
1. 能够形成自主探究学习的意识。
2. 树立"安全第一"的责任意识，养成遵章守纪的工作习惯。

任务 9.1　组合逻辑电路认知

任务内容

了解组合逻辑电路的特点，掌握组合逻辑电路的分析方法。

9.1.1　组合逻辑电路概述

1. 组合逻辑电路的分析方法

数字电路分为组合逻辑电路和时序逻辑电路两类。

组合逻辑电路，是指任意时刻的输出仅仅取决于当时的输入信号，而与电路原来的状态无关。所谓组合逻辑电路的分析，就是通过分析方法找出电路的逻辑功能。通常采用的分析方法：首先，从电路的输入到输出逐级写出逻辑函数式，得到表示输出与输入关系的逻辑函数式。然后，用公式化简法或卡诺图化简法将得到的函数式化简或变换，以使逻辑关系简单明了。为了使电路的逻辑功能更加直观，有时还可以把逻辑函数式转换为真值表的形式。组合逻辑电路分析的主要步骤如下：

(1) 由逻辑图写表达式；
(2) 化简表达式；
(3) 列真值表；
(4) 描述逻辑功能。

上述分析步骤并不是一成不变的。例如，有的设计要求直接以真值表的形式给出，就不用进行逻辑抽象了。又如，有的逻辑关系比较简单、直观，也可以不经过逻辑真值表而直接写出函数式。

【例 9-1】　试分析如图 9-1 所示电路的逻辑功能。

解：(1) 由逻辑电路图可以写出输出 F 的逻辑表达式为

$$F = \overline{\overline{AB} \cdot \overline{AC} \cdot \overline{BC}}$$

(2) 逻辑表达式可变换为

$$F = AB + AC + BC$$

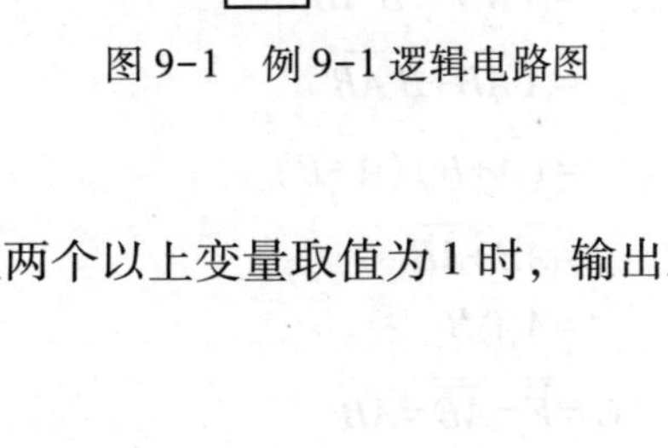

图 9-1　例 9-1 逻辑电路图

(3) 列出真值表，见表 9-1。
(4) 确定电路的逻辑功能。

由表 9-1 可知，三个输入变量 A，B，C，只有两个及两个以上变量取值为 1 时，输出才为 1。可见电路可实现多数表决逻辑功能。

表 9-1　例 9-1 真值表

A	B	C	F
0	0	0	0
0	0	1	0
0	1	1	0
0	1	1	1
1	0	0	0
1	0	1	1
1	1	0	1
1	1	1	1

【例 9-2】　分析图 9-2（a）所示电路的逻辑功能。

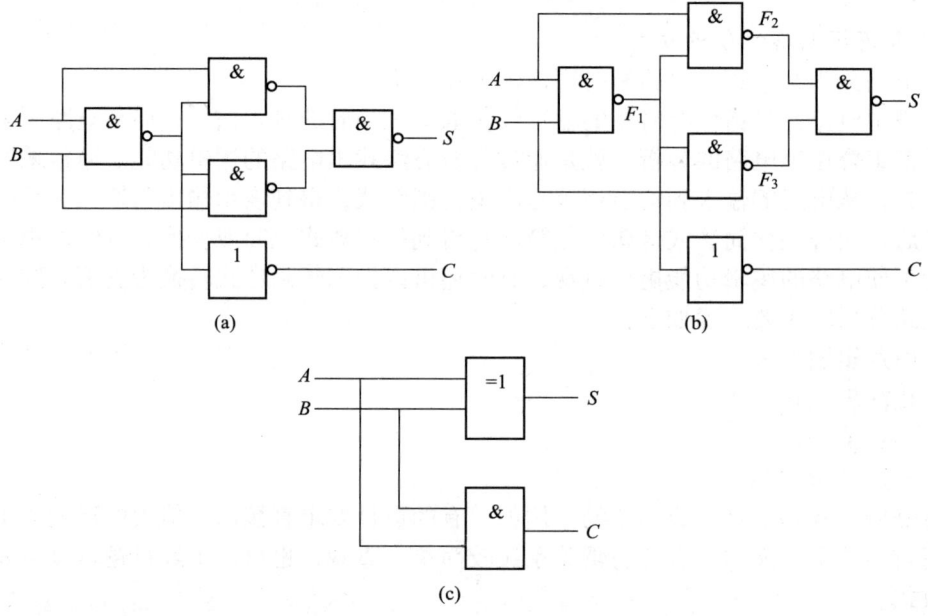

图 9-2　例 9-2 逻辑电路图

解：为了方便写表达式，在图中标注中间变量，比如 F_1、F_2 和 F_3（如图 9-2（b）所示）。

$S = \overline{F_2 F_3}$

$= \overline{\overline{AF_1} \cdot \overline{BF_1}}$

$= \overline{\overline{A \overline{AB}} \cdot \overline{B \overline{AB}}}$

$= A\overline{AB} + B\overline{AB}$

$= (\overline{A} + \overline{B})(A + B)$

$= \overline{A}B + A\overline{B}$

$= A \oplus B$

$C = \overline{\overline{F}} = \overline{\overline{AB}} = AB$

由真值表 9-2 可知，该电路实现两个一位二进制数相加的功能。S 是它们的和，C 是向高位的进位。由于这一加法器电路没有考虑低位的进位，所以称该电路为半加器。根据 S 和 C 的表达式，将原电路图改画成如图 9-2（c）所示的逻辑图。

表 9-2　例 9-2 真值表

A	B	S	C
0	0	0	0
0	1	1	0
1	0	1	0
1	1	0	1

2. 组合逻辑电路的设计方法

与分析过程相反，组合逻辑电路的设计是根据给定的实际逻辑问题，求出实现其逻辑功能的最简单的逻辑电路。这里所说的"最简单"，是指电路中所用的器件数最少，而且器件之间的连线也最少。

在许多情况下，设计要求是用文字描述的一个具有一定因果关系的事件。这时就需要通过逻辑抽象的方法，用一个逻辑函数来描述这一因果关系。逻辑抽象的工作通常是这样进行的：

（1）分析事件的因果关系，确定输入变量和输出变量。一般总是把引起事件的原因定为输入变量，而把事件的结果作为输出变量。

（2）以二值逻辑的 0、1 两种状态分别代表输入变量和输出变量的两种不同状态。这里 0 和 1 的具体含义完全是由设计者人为选定的。这项工作也叫作逻辑状态赋值。

（3）根据给定的因果关系列出逻辑真值表。

至此，便将一个实际的逻辑问题抽象成一个逻辑函数了。而且，这个逻辑函数首先是以真值表的形式给出的。

组合逻辑电路的设计步骤如下：

（1）分析设计要求，设置输入输出变量并逻辑赋值；

（2）列真值表；

（3）写出逻辑表达式，并化简；

（4）画逻辑电路图。

【例 9-3】　现有一火灾报警系统，设有烟感、温感和紫外光感三种类型的火灾探测器。为了防止误报警，只有当其中两种或两种以上类型的探测器发出火灾检测信号时，报警系统产生报警控制信号。请设计一个产生报警控制信号的电路。

解：

（1）分析设计要求，设输入输出变量并逻辑赋值。

输入变量：烟感 A、温感 B，紫外线光感 C；

输出变量：报警控制信号 Y。

逻辑赋值：用 1 表示肯定，用 0 表示否定。

（2）由真值表写逻辑表达式，并化简。

$$Y = \overline{A}BC + A\overline{B}C + AB\overline{C} + ABC$$

化简得最简式为

$$Y = AB + AC + BC$$

（3）列真值表，见表 9-3。

表 9-3 例 9-3 真值表

A	B	C	Y
0	0	0	0
0	0	1	0
0	1	0	0
0	1	1	1
1	0	0	0
1	0	1	1
1	1	0	1
1	1	1	1

把逻辑关系转换成表达式为

$$Y = \overline{\overline{AB + AC + BC}}$$

（4）用一个与或非门加一个非门，画出逻辑电路图，如图 9-3 所示。

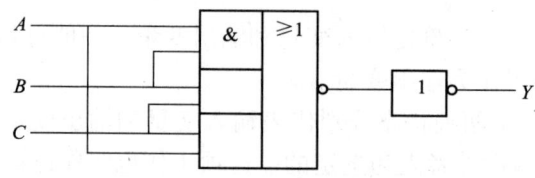

图 9-3 例 9-3 的逻辑电路图

9.1.2 编码器认知

1. 编码器

用二进制代码表示文字、符号或者数码等特定对象的过程，称为编码。实现编码的逻辑电路，称为编码器。

对 m 个信号编码时，应如何确定位数 n？

n 位二进制代码可以表示多少个信号？

【例 9-4】 对 101 键盘编码时，采用几位二进制代码？

解：编码原则，n 位二进制代码可以表示 2^n 个信号，则对 m 个信号编码时，应由 $2^n \geq m$ 来确定位数 n。

目前经常使用的编码器有普通编码器和优先编码器两类。

2. 普通编码器

普通编码器，任何时刻只允许输入一个有效编码请求信号，否则输出将发生混乱。下面以一个三位二进制普通编码器为例，说明普通编码器的工作原理。在图 9-4 中，输入是 $I_0 \sim I_7$ 8 个高电平信号，输出是三位二进制代

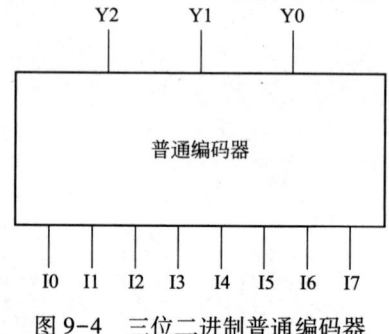

图 9-4 三位二进制普通编码器

码 $Y_0 Y_1 Y_2$。为此，又把它叫作八线-三线编码器，输出与输入的对应关系由表 9-4 给出。

输入：八个信号（对象）　$I_0 \sim I_7$（二值量）

输出：三位二进制代码　$Y_2 Y_1 Y_0$　称八线-三线编码器

设输入信号为 1 表示对该输入进行编码。

表 9-4　三位二进制普通编码器输入输出的对应关系

I_0	I_1	I_2	I_3	I_4	I_5	I_6	I_7	Y_2	Y_1	Y_0
1	0	0	0	0	0	0	0	0	0	0
0	1	0	0	0	0	0	0	0	0	1
0	0	1	0	0	0	0	0	0	1	0
0	0	0	1	0	0	0	0	0	1	1
0	0	0	0	1	0	0	0	1	0	0
0	0	0	0	0	1	0	0	1	0	1
0	0	0	0	0	0	1	0	1	1	0
0	0	0	0	0	0	0	1	1	1	1

3. 优先编码器

在优先编码器中，允许同时输入两个以上的有效编码请求信号。不过在设计优先编码器时已经将所有的输入信号按优先顺序排了队，当几个输入信号同时出现时，只对其中优先权最高的一个信号进行编码。

【例 9-5】　分析图 9-5 中八线-三线优先编码器 74LS148 的逻辑功能。

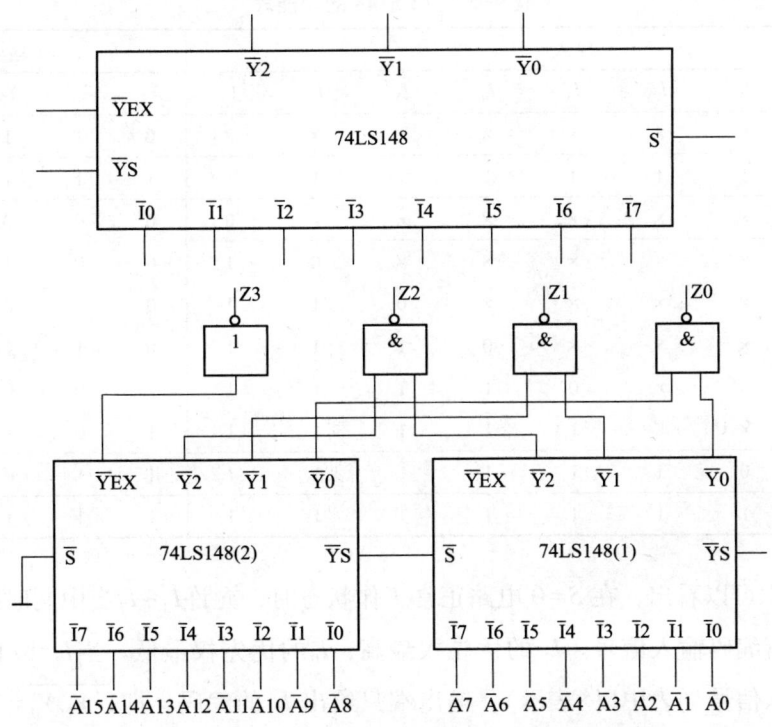

图 9-5　8 线-3 线优先编码器 74LS148 的逻辑图

解：由图 9-5 写出输出的逻辑式为

$$\overline{Y_2} = \overline{(I_4+I_5+I_6+I_7) \cdot S}$$

$$\overline{Y_1} = \overline{(I_2\,\overline{I_4}\,\overline{I_5}+I_3\,\overline{I_4}\,\overline{I_5}+I_6+I_7) \cdot S}$$

$$\overline{Y_0} = \overline{(I_1\,\overline{I_2}\,\overline{I_4}\,\overline{I_6}+I_3\,\overline{I_4}\,\overline{I_6}+I_5\overline{I_6}+I_7) \cdot S}$$

为了扩展电路的功能和增加使用的灵活性，在 74LS148 的逻辑电路中附加了由门 G_1、G_2 和 G_3 组成的控制电路。在 $\overline{S}$ 为选通输入端时，只有在的 $\overline{S}=0$ 条件下，编码器才能正常工作。而在 $\overline{S}=1$ 时，所有的输出端均被封锁在高电平。

选通输出端 $\overline{Y}_S$ 和扩展端 $\overline{Y}_{EX}$ 用于扩展编码功能。由图 9-5 可知

$$\overline{Y}_S = \overline{I_0}\,\overline{I_1}\,\overline{I_2}\,\overline{I_3}\,\overline{I_4}\,\overline{I_5}\,\overline{I_6}\,\overline{I_7} \cdot S$$

上式表明，只有当所有编码的输入端都是高电平，而且 $S=1$ 时，$\overline{Y}_S$ 才是低电平。因此，$\overline{Y}_S$ 的低电平信号表示"电路工作，但无编码输入"。

从图 9-5 还可以写出

$$\overline{Y}_{EX} = \overline{\overline{I_0}\,\overline{I_1}\,\overline{I_2}\,\overline{I_3}\,\overline{I_4}\,\overline{I_5}\,\overline{I_6}\,\overline{I_7}S \cdot S}$$

$$= \overline{I_0+I_1+I_2+I_3+I_4+I_5+I_6+I_7} \cdot S$$

由上面三组逻辑函数式，可以列出 74LS148 的功能（见表 9-5）。

表 9-5 74LS148 的功能表

输入									输出				
$\overline{S}$	$\overline{I_0}$	$\overline{I_1}$	$\overline{I_2}$	$\overline{I_3}$	$\overline{I_4}$	$\overline{I_5}$	$\overline{I_6}$	$\overline{I_7}$	$\overline{Y_2}$	$\overline{Y_1}$	$\overline{Y_0}$	$\overline{Y}_S$	$\overline{Y}_{EX}$
1	×	×	×	×	×	×	×	×	0	1	1	1	1
0	1	1	1	1	1	1	1	1	1	1	1	0	1
0	×	×	×	×	×	×	×	0	0	0	0	1	0
0	×	×	×	×	×	×	0	1	0	0	1	1	0
0	×	×	×	×	×	0	1	1	0	1	0	1	0
0	×	×	×	×	0	1	1	1	0	1	1	1	0
0	×	×	×	0	1	1	1	1	1	0	0	1	0
0	×	×	0	1	1	1	1	1	1	0	1	1	0
0	×	0	1	1	1	1	1	1	1	1	0	1	0
0	0	1	1	1	1	1	1	1	1	1	1	1	0

由表 9-5 中可以看出，在 $\overline{S}=0$ 电路正常工作状态时，允许 $\overline{I_0} \sim \overline{I_7}$ 当中同时有几个输入端为低电平，即有编码输入信号。$\overline{I_7}$ 的优先权最高，$\overline{I_0}$ 的优先权最低。当 $\overline{I_7}=0$ 时，无论其余输入端有无输入信号（表中以×表示），输出端只给出 I_7 的编码，即 $\overline{Y_2}\,\overline{Y_{21}}\,\overline{Y_0}=000$。当 $\overline{I_7}=1$、$\overline{I_6}=0$ 时，无论其余输入端有无输入信号，只对 $\overline{I_6}$ 编码，输出为即 $\overline{Y_2}\,\overline{Y_{21}}\,\overline{Y_0}=001$。其余的输入状态可类比以上过程分析。

9.1.3 译码器认知

1. 译码器

译码是指编码的逆过程,将编码时赋予代码的特定含义"翻译"出来。译码器是指实现译码功能的电路。常用的译码器有二进制译码器、二-十进制,译码器和显示译码器等。

2. 二进制译码器

二进制译码器的输入是一组二进制代码,输出是一组与输入代码一一对应的高、低电平信号。

三位二进制译码器的方框图如图 9-6 所示。输入三位二进制代码共有 8 种状态,译码器将每个输入代码译成对应的一根输出线上的高、低电平信号。因此,也把这个译码器叫作三线-八线译码器。

输入:二进制代码(n 位);

输出:2^n 个,每个输出仅包含一个最小项。

图 9-7 是采用二极管与门陈列构成的三位二进制译码器,图中 A_2、A_1、A_0 是输入端,$Y_0 \sim Y_7$ 是 8 个输出端。

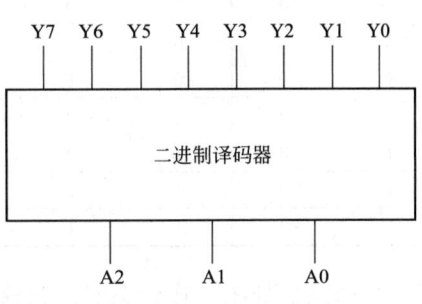

图 9-6 三线-八线译码器的方框图

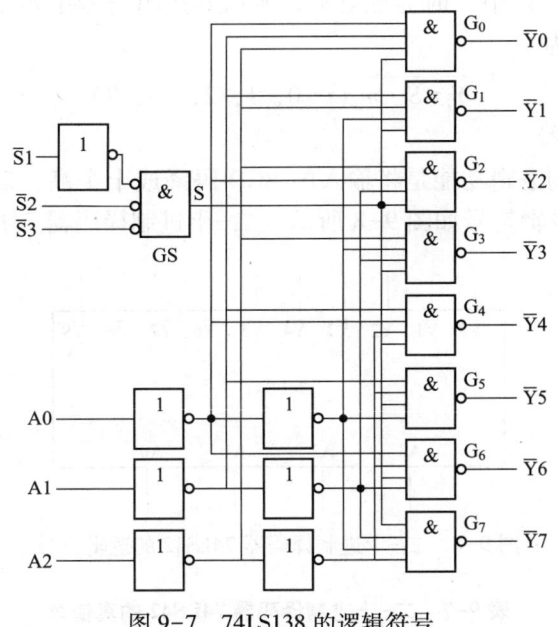

图 9-7 74LS138 的逻辑符号

74LS138 有 3 个附加的控制端(又称使能端)S_1、$\overline{S_2}$、$\overline{S_3}$。当 $S_1 = 1$、$\overline{S_2} + \overline{S_3} = 0$ 时,G_S 输出为高电平,译码器处于工作状态。否则,译码器被禁止,所有的输出端被封锁在高电平,见表 9-6。这 2 个控制端也叫作"片选"输入端,利用片选的作用可以将多片连接起来以扩展译码器的功能。

译码输入端:输入是三位二进制代码、有八种状态,八个输出端分别对应其中一种输入状态。因此，又把三位二进制译码器称为三线-八线译码器。

$$\overline{Y_i} = S \cdot m_i \ (i=0, 1, 2\cdots, 7)$$

表 9-6 74LS138 的功能表

输入					输出							
S_1	$\overline{S}_2+\overline{S}_3$	A_2	A_1	A_0	$\overline{Y_0}$	$\overline{Y_1}$	$\overline{Y_2}$	$\overline{Y_3}$	$\overline{Y_4}$	$\overline{Y_5}$	$\overline{Y_6}$	$\overline{Y_7}$
×	1	×	×	×	1	1	1	1	1	1	1	1
0	×	×	×	×	1	1	1	1	1	1	1	1
1	0	0	0	0	0	1	1	1	1	1	1	1
1	0	0	0	1	1	0	1	1	1	1	1	1
1	0	0	1	0	1	1	0	1	1	1	1	1
1	0	0	1	1	1	1	1	0	1	1	1	1
1	0	1	0	0	1	1	1	1	0	1	1	1
1	0	1	0	1	1	1	1	1	1	0	1	1
1	0	1	1	0	1	1	1	1	1	1	0	1
1	0	1	1	1	1	1	1	1	1	1	1	0

当译码器处于工作状态时，每输入一个二进制代码将使对应的一个输出端为低电平，而其他输出端均为高电平。也可以说对应的输出端被"译中"。

74LS138 输出端被"译中"时为低电平，所以其逻辑符号中每个输出端 $\overline{Y_0}$-$\overline{Y_7}$ 上方均有"—"符号，具体表示为

$$\overline{Y_i} = \overline{S \cdot m_i}(i=0, 1, 2, \cdots, 7)$$

3. 二-十进制译码器

二-十进制译码器的逻辑功能是将输入的 BCD 码译成十个高、低电平输出信号。二-十进制译码器 74LS42 的逻辑符号如图 9-8 所示。二-十进制译码器 74LS42 的真值表见表 9-7。

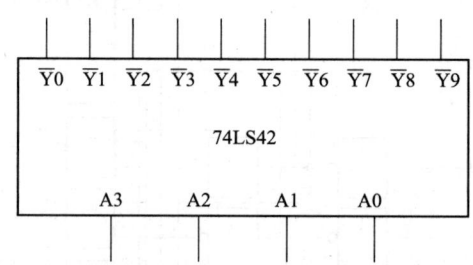

图 9-8 二-十进制译码器 74LS42 的逻辑符号

表 9-7 二-十进制译码器 74LS42 的真值表

序号	输入				输出									
	A_3	A_2	A_1	A_0	$\overline{Y_0}$	$\overline{Y_1}$	$\overline{Y_2}$	$\overline{Y_3}$	$\overline{Y_4}$	$\overline{Y_5}$	$\overline{Y_6}$	$\overline{Y_7}$	$\overline{Y_8}$	$\overline{Y_9}$
0	0	0	0	0	0	1	1	1	1	1	1	1	1	1
1	0	0	0	1	1	0	1	1	1	1	1	1	1	1
2	0	0	1	0	1	1	0	1	1	1	1	1	1	1
3	0	0	1	1	1	1	1	0	1	1	1	1	1	1

续表

序号	输入				输出									
	A_3	A_2	A_1	A_0	$\overline{Y_0}$	$\overline{Y_1}$	$\overline{Y_2}$	$\overline{Y_3}$	$\overline{Y_4}$	$\overline{Y_5}$	$\overline{Y_6}$	$\overline{Y_7}$	$\overline{Y_8}$	$\overline{Y_9}$
4	0	1	0	0	1	1	1	1	0	1	1	1	1	1
5	0	1	0	1	1	1	1	1	1	0	1	1	1	1
6	0	1	1	0	1	1	1	1	1	1	0	1	1	1
7	0	1	1	1	1	1	1	1	1	1	1	0	1	1
8	1	0	0	0	1	1	1	1	1	1	1	1	0	1
9	1	0	0	1	1	1	1	1	1	1	1	1	1	0
伪码	1	0	1	0	1	1	1	1	1	1	1	1	1	1
	1	0	1	1	1	1	1	1	1	1	1	1	1	1
	1	1	0	0	1	1	1	1	1	1	1	1	1	1
	1	1	0	1	1	1	1	1	1	1	1	1	1	1
	1	1	1	0	1	1	1	1	1	1	1	1	1	1
	1	1	1	1	1	1	1	1	1	1	1	1	1	1

对于 BCD 代码以外的伪码（即 1010~1111 6 个代码）$\overline{Y_0} \sim \overline{Y_9}$ 均无低电平信号产生，译码器拒绝"翻译"，所以这个电路结构具有拒绝伪码的功能。

4. 显示译码器

在数字测量仪表和各种数字系统中，都需要将数字量直观地显示出来，一方面供人们直接读取测量和运算的结果，另一方面用于监视数字系统的工作情况。

数字显示电路是数字设备不可缺少的部分。数字显示电路通常由计数器、显示译码器、驱动器和显示器等部分组成，如图 9-9 所示。

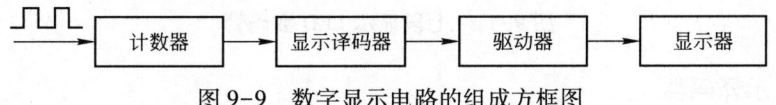

图 9-9 数字显示电路的组成方框图

1）数字显示器件

数字显示器件是用来显示数字、文字或者符号的器件，常见的有辉光数码管、荧光数码管、液晶显示器、发光二极管数码管、场致发光数字板、等离子体显示板等。本书主要讨论发光二极管数码管。

（1）发光二极管（LED）及其驱动方式。

LED 具有许多优点，包括工作电压低（1.5~3 V）、体积小、寿命长、可靠性高、响应速度快（≤100 ns）、亮度比较高。

一般 LED 的工作电流选择 5~10 mA，不允许超过最大值（通常为 50 mA）。LED 可以直接由门电路驱动。图 9-10（a）是输出为低电平时，LED 发光，称为低电平驱动；图 9-10（b）是输出为高电平时，LED 发光，称为高电平驱动；采用高电平驱动方式的 TTL 门最好选用 OC 门。

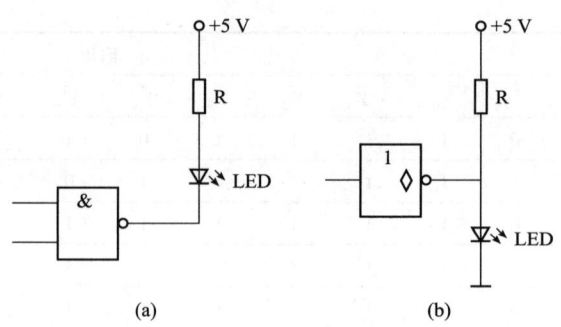

图 9-10 门电路驱动 LED

在图 9-10 中，R 为限流电阻，其计算公式为

$$R = \frac{5\text{ V} - V_D}{I_F} \approx \frac{5\text{ V} - 2\text{ V}}{10\text{ mA}}$$

（2）LED 数码管。

LED 数码管是由多个 LED 按分段式封装制成的。LED 数码管有两种形式：共阴型和共阳型。七段显示 LED 数码管如图 9-11 所示。

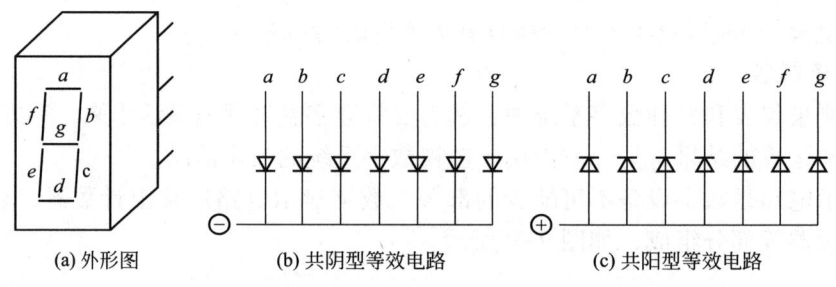

(a) 外形图　　　(b) 共阴型等效电路　　　(c) 共阳型等效电路

图 9-11　七段显示 LED 数码管

2）七段显示译码器

（1）七段字形显示方式。

LED 数码管通常采用图 9-12 所示的七段字形显示方式来表示 0~9 十个数字。

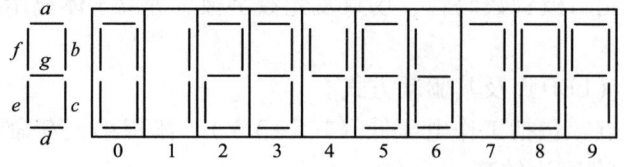

图 9-12　七段显示 LED 数码管字形显示方式

（2）七段显示译码器工作原理。

七段显示译码器把输入的 BCD 码，翻译成驱动七段 LED 数码管各对应段所需的电平。BCD-七段显示译码器如图 9-13 所示，它的功能表见表 9-8。

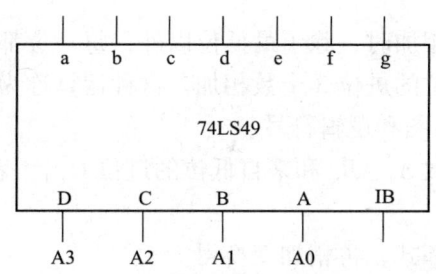

图 9-13 BCD-七段显示译码器

表 9-8 BCD-七段显示译码器的功能表

输入					输出							字形
I_B	D	C	B	A	a	b	c	d	e	f	g	
1	0	0	0	0	1	1	1	1	1	1	0	0
1	0	0	0	1	0	1	1	0	0	0	0	1
1	0	0	1	0	1	1	0	1	1	0	1	2
1	0	0	1	1	1	1	1	1	0	0	1	3
1	0	1	0	0	0	1	1	0	0	1	1	4
1	0	1	0	1	1	0	1	1	0	1	1	5
1	0	1	1	0	0	0	1	1	1	1	1	6
1	0	1	1	1	1	1	1	0	0	0	0	7
1	1	0	0	0	1	1	1	1	1	1	1	8
1	1	0	0	1	1	1	1	0	0	1	1	9
1	1	0	1	0	0	0	0	1	1	0	1	C
1	1	0	1	1	0	0	1	1	0	0	1	⊃
1	1	1	0	0	0	1	0	0	1	1	1	∪
1	1	1	0	1	1	0	0	1	0	1	1	⊐
1	1	1	1	0	0	0	0	1	1	1	1	t
1	1	1	1	1	0	0	0	0	0	0	0	
0	×	×	×	×	0	0	0	0	0	0	0	

由表 9-8 可以看出：

（1）译码输入端 D、C、B、A，为 8421BCD 码。

（2）七段代码输出端 $abcdefg$，某段输出为高电平时该段点亮，用以驱动高电平有效的七段显示 LED 数码管。

（3）灭灯控制端 I_B，当 $I_B=1$ 时，译码器处于正常译码工作状态；当 $I_B=0$ 时；不管 D、C、B、A 输入什么信号，译码器各输出端均为低电平，处于灭灯状态。利用 I_B 信号，可以控制数码管按照要求处于显示或者灭灯状态，如闪烁、熄灭首尾部多余的 0 等。

9.1.4 加法器认知

算术运算是数字系统的基本功能，更是计算机中不可缺少的组成单元。下面介绍实现加法运算的逻辑电路。

两个二进制数之间的算术运算无论是加、减、乘、除，目前在数字计算机都是做若干步加法运算进行的。因此，加法器是构成算术运算器的基本单元。

1. 全加器

在将两个多位二进制数相加时，除了最低位以外，每一位都应考虑来自低位的进位，即将两个对应的加数和来自低位的进位 3 个数相加。这种运算称为全加，所用的电路称为全加器，图 9-14 是全加器的电路图和逻辑符号。

全加器能把本位两个加数 A_n、B_n 和来自低位的进位 C_{n-1} 三者相加，得到求和结果 S_n 和该位的进位信号 C_n。

由真值表写出最小项之和式，再稍加变换得

$$S_n = \overline{A_n}\ \overline{B_n}C_{n-1} + \overline{A_n}B_n\ \overline{C_{n-1}} + A_n\ \overline{B_n}\ \overline{C_{n-1}} + A_nB_nC_{n-1}$$

$$= \overline{A_n}(B_n \oplus C_{n-1}) + A_n(\overline{B_n \oplus C_{n-1}})$$

$$= A_n \oplus B_n \oplus C_{n-1}$$

由真值表写出最小项之和式，再稍加变换得

$$C_n = \overline{A_n}B_nC_{n-1} + A_n\ \overline{B_n}C_{n-1} + A_nB_n$$

$$= (A_n \oplus B_n)\ C_{n-1} + A_nB_n$$

$$S_n = A_n \oplus B_n \oplus C_{n-1}$$

$$C_n = (A_n \oplus B_n)\ C_{n-1} + A_nB_n$$

根据二进制加法运算法则可列出 1 位全加器的真值表，见表 9-9。

表 9-9 全加器的真值表

A_n	B_n	C_{n-1}	S_n	C_n
0	0	0	1	0
0	0	1	1	0
0	1	0	1	0
0	1	1	0	1
1	0	0	1	0
1	0	1	0	1
1	1	0	0	1
1	1	1	1	1

全加器的电路图和逻辑符号如图 9-14 所示。

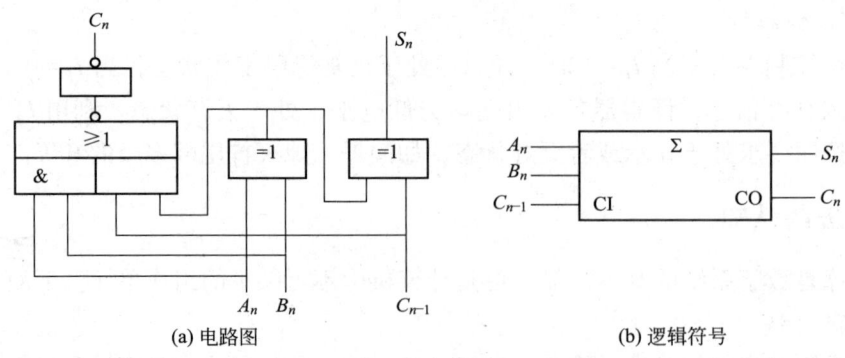

(a) 电路图 (b) 逻辑符号

图 9-14 全加器的电路图和逻辑符号

2. 多位加法器

全加器可以实现两个一位二进制数的相加，要实现多位二进制数的相加，可选用多位加法器电路。

74LS283 电路是一个四位加法器电路，可实现两个四位二进制数的相加，其逻辑符号如图 9-15 所示。

在图 9-15 中，CI 是向低位的进位；CO 是向高位的进位。$A_3A_2A_1A_0$ 和 $B_3B_2B_1B_0$ 是两个二进制待加数。S_3、S_2、S_1、S_0 是对应各位的和。多位加法器除了可以实现加法运算功能之外，还可以实现组合逻辑电路。

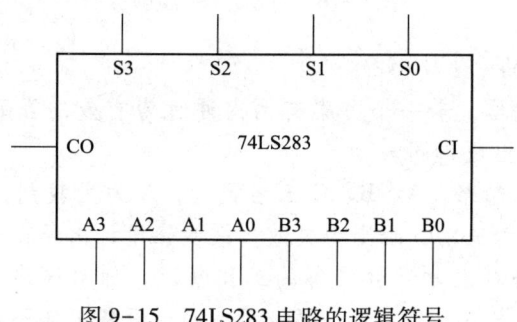

图 9-15 74LS283 电路的逻辑符号

 习题

一、简答题

1. 什么是组合逻辑电路？
2. 简述组合逻辑电路的分析方法。
3. 简述组合逻辑电路的设计步骤。
4. 什么是编码器？简述编码原则。
5. 什么是优先编码器？
6. 什么是译码器？
7. 简述数字显示电路的组成。
8. 七段显示数码管如何接成共阴型和共阳型？
9. 什么是全加器？

二、分析如图 9-16 所示的逻辑电路的逻辑功能。

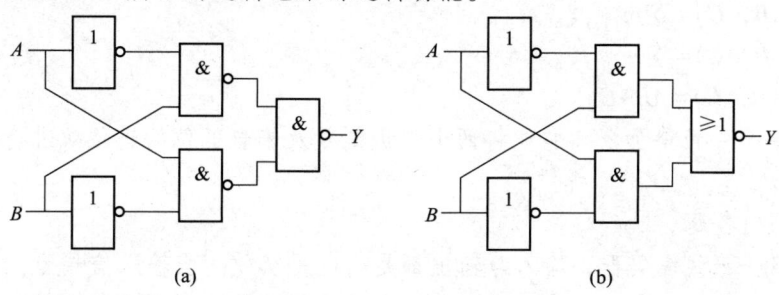

图 9-16 习题二图

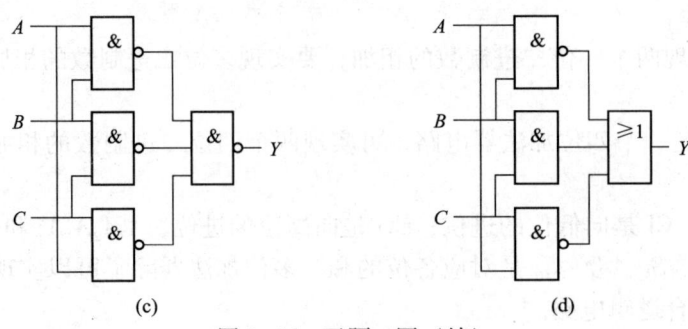

图9-16 习题二图（续）

三、设计组合逻辑电路

1. 设计一个三人表决器，若一个方案有两人通过为有效，否则淘汰。列出真值表，求最简与或式，用与非门做出逻辑图。

2. 设计一个举重裁判电路，A、B、C三名裁判，A为主裁判，有否决权。若有包括A在内的两名以上裁判通过为成功，否则为失败。按步骤设计出逻辑电路图。

3. 用红、黄、绿三盏灯表示三台设备的工作情况，绿灯亮表示三台设备都工作正常，黄灯亮表示有一台设备工作不正常，红灯亮表示有两台设备工作不正常，红、黄等都亮表示三台设备工作都不正常。列出真值表，设计逻辑电路。

4. 某工厂有三个车间和一个自备电站，站内有两台发电机M、N，M发电机的发电能力是N的两倍。一个车间开工，启动N即可，两个车间开工，启动M；三个车间都开工，则需M、N都启动。使用与非门设计一个控制M、N启动的逻辑电路。

5. 用与非门设置一个交通报警控制电路。交通信号灯有红、绿、黄3种，3种灯分别工作或黄、绿灯同时工作属于正常情况，其他情况均属于故障，出现故障时发出报警信号。

6. 旅客列车按发车的优先级别分为特快、直快和普客3种，若有多列列车出发发车的请求，则只允许其中优先级别最高的列车发车。试设计一个优先发车的排队逻辑电路。

7. 用译码器CT74LS138和门电路实现下列逻辑函数。要求：写出必要的步骤，并画出连线图。

（1）$Y = \overline{A}BC + AB\overline{C} + \overline{C}$

（2）$Y = \overline{A}C + BC + A\overline{BC}$

（3）$Y(A, B, C) = \sum m_{(1,3,5,6)}$

（4）$Y(A, B, C) = \sum m_{(0,3,5,6,7)}$

（5）$Z(A, B, C) = AB + C$。

（6）设计一个一位全加器。它能将两个二进制数及来自低位的进位数进行相加，并产生和数与进位数。

四、分析下列各题

1. 一个八线-三线编码器，输入与输出都是高电平有效。当输入信号为：$I_0 = I_1 = I_2 = I_3 = I_4 = I_5 = I_6 = I_7 = 0$，$I_4 = 1$时，输出$Y_0$，$Y_1$，$Y_2$分别等于什么？

2. 一个八线-三线优先编码器,输入与输出都是低电平有效。当输入信号为:$I_0=I_1=I_2=I_3=I_4=I_5=0$,$I_6=I_7=1$ 时,输出 Y_0,Y_1,Y_2 分别等于什么?

3. 一个三线-八线译码器,输入与输出都是高电平有效。当输入信号为:$A_1=0$,$A_2=A_0=1$ 时,在八路输出 Y_i 中,哪些等于 0,哪些等于 1?

4. 一个三线-八线译码器,输入与输出都是高电平有效。在八路输出 Y_i 中,只有 $Y_3=1$,则输入信号 A_1,A_2,A_0 各等于什么?

5. 一个四线-十线译码器,输入是高电平有效,输出是低电平有效。当输入信号为:$A_1=A_2=1$,$A_3=A_0=0$ 时,在十路输出 Y_i 中,哪些等于 0,哪些等于 1?

6. 一个四线-十线译码器,输入是高电平有效,输出是低电平有效。在十路输出 Y_i 中,只有 $\overline{Y_9}=0$。则输入信号 A_3,A_2,A_1,A_0 各等于什么?

7. 一位全加器的输入信号为 A=1,B=0,CI=1,则输出信号 S,CO 各等于多少?

8. 一位全加器的输入信号为 A=1,B=1,CI=1,则输出信号 S,CO 各等于多少?

9. 某组合逻辑电路输入信号波形和输出信号波形如图 9-17 所示,试用与非门实现该逻辑电路。

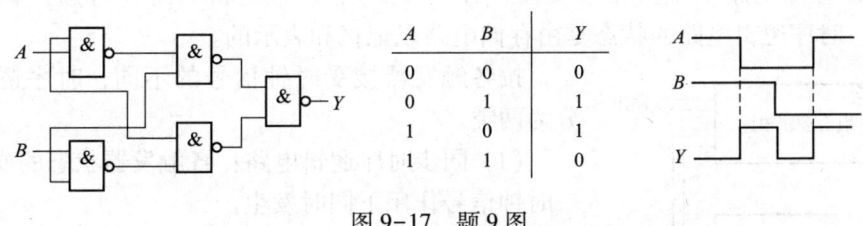

图 9-17 题 9 图

10. 由与或门组成的组合逻辑电路,用示波器测得输入和输出波形如图 9-18 所示,试列出该电路的真值表、逻辑表达式和逻辑图。

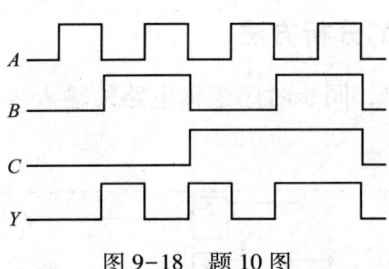

图 9-18 题 10 图

任务 9.2 时序逻辑电路认知

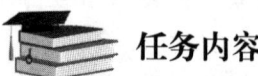

通过对时序逻辑电路的概述和同步分析方法基本知识的学习，对时序逻辑电路有整体掌握，为逻辑设计的学习奠定基础。

9.2.1 时序逻辑电路概述

时序逻辑电路在任何时刻的输出不仅取决于该时刻的输入，而且还取决于电路原来的状态，该电路由存储电路（主要是触发器，必不可少）、组合逻辑电路（可选）构成（如图9-20所示）。时序逻辑电路的状态是由存储电路来记忆和表示的。

按各触发器接受时钟信号的不同，时序逻辑电路可分为两类。

（1）同步时序逻辑电路：各触发器状态的变化都在同一时钟信号作用下同时发生。

（2）异步时序逻辑电路：各触发器状态的变化不是同步发生的，可能有一部分电路有公共的时钟信号，也可能完全没有公共的时钟信号。

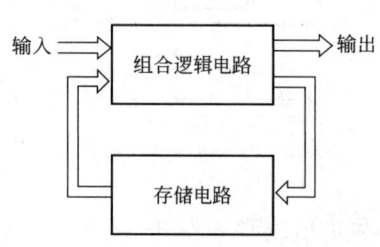

图 9-20 时序逻辑电路的结构框图

9.2.2 同步时序逻辑电路的分析方法

从图 9-21 的电路可以看出，同步时序逻辑电路的输入为 X，输出为 Y，存储器的输入为 D，输出为 Q。

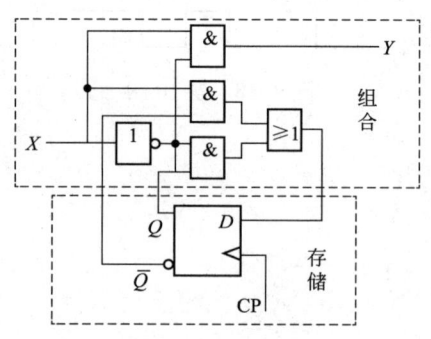

图 9-21 同步时序逻辑电路图

输出方程为

$$Y = XQ^x$$

激励方程为

$$D = X\overline{Q^n} + \overline{X}Q^n$$

状态方程为

$$Q^{n+1} = D = X\overline{Q^n} + \overline{X}Q^n$$

同步时序电路的分析方法：首先写出逻辑表达式，包括输出方程、激励方程、状态方程；然后画状态表、状态图和时序图；最后分析电路功能。

【例 9-6】 试分析图 9-22 电路的逻辑功能和特性。

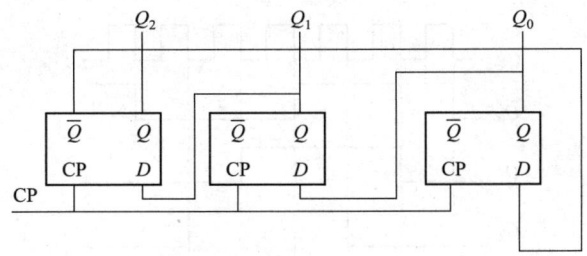

图 9-22 同步时序电路

解：由于这个电路没有方程输入和输出，直接写激励方程和状态方程。

（1）写出激励方程为

$$D_0^n = \overline{Q_2^n}$$
$$D_1 = Q_0^n$$
$$D_2 = Q_1^n$$

写出状态方程为

$$Q_0^{n+1} = D_0^n = \overline{Q_2^n}$$
$$Q_1^{n+1} = D_1 = Q_0^n$$
$$Q_2^{n+1} = D_2 = Q_1^n$$

（2）状态表见表 9-10。

表 9-10 状态表

CP	Q_2^n	Q_1^n	Q_0^n	Q_2^{n+1}	Q_1^{n+1}	Q_0^{n+1}
1	0	0	0	0	0	1
2	0	0	1	0	1	1
3	0	1	1	1	1	1
4	1	1	0	1	1	0
5	1	1	0	1	0	0
6	1	0	0	0	0	0
1	1	0	1	0	1	0
2	0	1	0	1	0	1

(3) 画出电路的状态转换图,如图 9-23 所示。

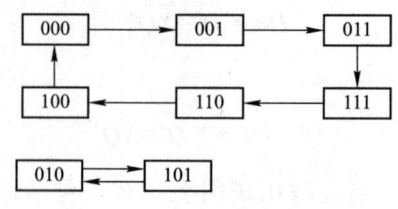

图 9-23 电路的状态转换图

(4) 画出电路的时序图,如图 9-24 所示。

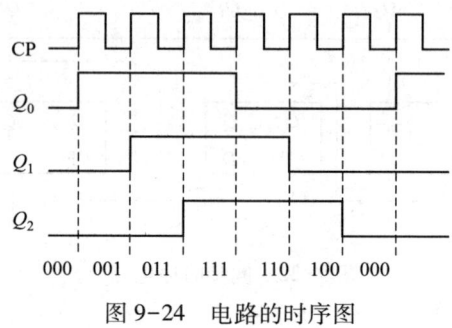

图 9-24 电路的时序图

(5) 有上述分析可知,该电路是一个不能自启动的六进制计数器。

9.2.3 同步逻辑电路的设计

1. 同步逻辑电路的设计步骤

同步逻辑电路的设计步骤如下。

(1) 形成原始状态图和原始状态表。原始状态图是对设计要求最原始的抽象,根据逻辑问题的文字描述理解电路的输入、输出及状态转移关系,进而形成状态图和状态表。由于开始得到的状态图和状态表可能包含多余的状态,所以称为原始状态图和原始状态表。

(2) 状态化简。采用状态化简技术,消去原始状态表中的多余的状态,求得最小化状态表,其目的是简化电路结构。

(3) 状态编码。把状态表中用字母或数字标注的每个状态用二进制代码表示,以便和电路中触发器的状态一致。

(4) 选定触发器类型,并确定激励函数和输出函数表达式。根据选定的触发器类型,列出激励函数真值表,并求出激励函数和输出函数的最简表达式。其中,激励函数是由二进制状态表和触发器激励表共同确定的。

(5) 画出逻辑电路图。以上步骤是就一般设计问题而言。实际中设计者可以根据具体问题灵活掌握。当设计方案中包含冗余状态时,必须对冗余状态的处理结果加以讨论,以确保电路逻辑功能的可靠实现。

2. 应用举例

【例 9-7】 试分析如图 9-25 所示计数器的逻辑功能。

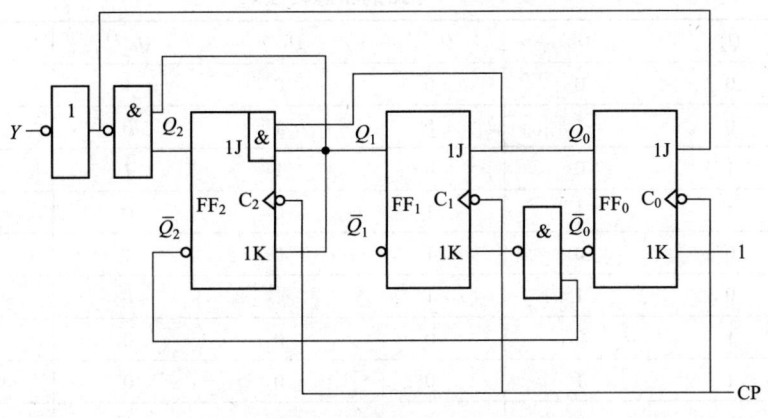

图 9-25　同步计数器电路

解：

（1）根据给定的逻辑图写出驱动方程和输出方程。

$J_0 = \overline{Q_1^n Q_2^n}$，$J_1 = Q_0^n$，$J_2 = \overline{Q_0^n Q_1^n}$

$K_0 = 1$，$K_1 = \overline{\overline{Q_0^n}\ \overline{Q_2^n}}$，$K_2 = Q_1^n$

$Y = Q_1^n Q_2^n$

$Q^{n+1} = J\overline{Q^n} + \overline{K}Q^n$

（2）将驱动方程代入 JK 触发器的特性方程，可以得到各触发器的状态方程。

$Q_0^{n+1} = \overline{Q_1^n Q_2^n} \cdot \overline{Q_0^n}$

$Q_1^{n+1} = Q_0^n \overline{Q_1^n} + \overline{Q_0^n}\ \overline{Q_2^n} Q_1^n$

$Q_2^{n+1} = Q_0^n Q_1^n \overline{Q_2^n} + \overline{Q_1^n} Q_2^n$

（3）填写 Q^{n+1} 卡诺图及计数器状态卡诺图（如图 9-26 所示）。

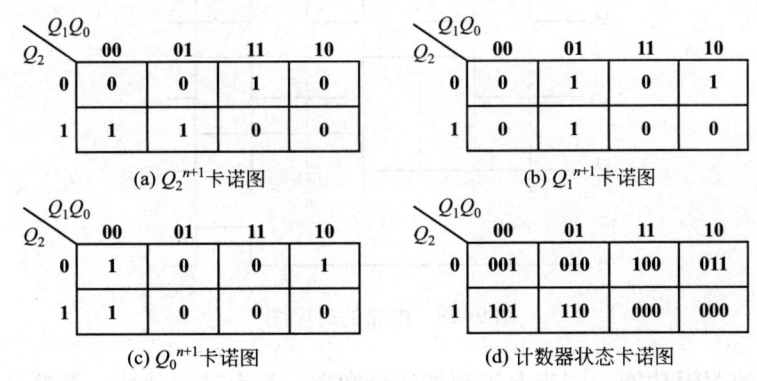

图 9-26　Q^{n+1} 卡诺图和计数器状态卡诺图

（4）列出状态转换表（见表 9-11）。

表 9-11 电路的状态转换表

Q_3^n	Q_2^n	Q_1^n	Q_2^{n+1}	Q_1^{n+1}	Q_0^{n+1}	Y
0	0	0	0	0	1	0
0	0	1	0	1	0	0
0	1	0	0	1	1	0
0	1	1	1	0	0	0
1	0	0	1	0	1	0
1	0	1	1	1	0	0
1	1	0	0	0	0	1
1	1	1	0	0	0	1
0	0	0	0	0	1	0

(5) 画出电路的状态转换图,如图 9-27 所示。

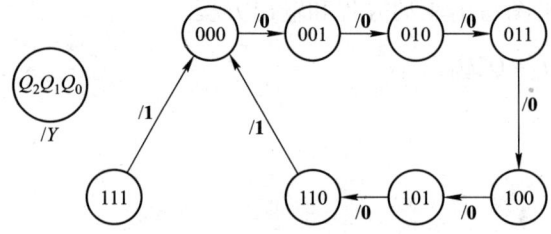

图 9-27 电路的状态转换图

(6) 画出时序图,即工作波形图(如图 9-28 所示)。

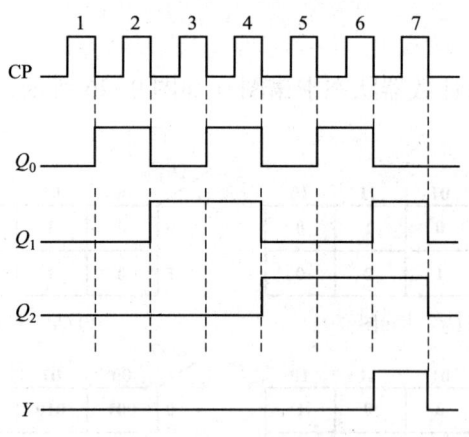

图 9-28 电路的时序图

(7) 计数器的逻辑功能:同步七进制加法计数器,Y 为进位脉冲,能够自启动。

 习题

一、概念题

1. 什么是时序逻辑电路?
2. 时序逻辑电路由哪两部分组成?
3. 什么是同步时序逻辑电路?
4. 什么是异步时序逻辑电路?
5. 简述时序逻辑电路的分析方法。何种情况下,时序逻辑电路可以自启动?何种情况下,时序逻辑电路不能自启动?
6. 分析异步时序逻辑电路时,要特别注意什么?
7. 什么是计数器?
8. 寄存器与存储器有什么区别?
9. 数码寄存器具有哪些功能?

二、设计题

1. 用双向移位寄存器74LS194设计左移环形四位计数器。
2. 用双向移位寄存器74LS194设计右移环形四位计数器。
3. 用双向移位寄存器74LS194设计左移环形三位计数器。
4. 用双向移位寄存器74LS194设计右移环形三位计数器。
5. 用二进制计数器74LS161同步置数功能构成5、7、10、12、14进制计数器。
6. 用二进制计数器74LS161异步清零功能构成6、8、9、11、13进制计数器。
7. 用十进制计数器74LS160同步置数功能构成5、7、9进制计数器。
8. 用十进制计数器74LS160异步清零功能构成6、7、8进制计数器。
9. 用二-五-十进制计数器74LS290构成6、7、8、9进制计数器。
10. 用级联法将两个二进制计数器74LS161同步置数功能构成24、60进制计数器。
11. 用级联法将两个二进制计数器74LS161异步清零功能构成24、78进制计数器。
12. 用级联法将两个十进制计数器74LS160同步置数功能构成60、78进制计数器。
13. 用级联法将两个十进制计数器74LS160异步清零功能构成24、60进制计数器。
14. 用级联法将二-五-十进制计数器74LS290构成24、60、78进制计数器。

三、分析题

1. 分析图9-29电路的逻辑功能。

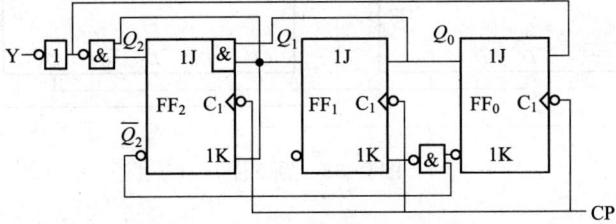

图9-29 题1图

2. 分析如图 9-30 电路的逻辑功能。

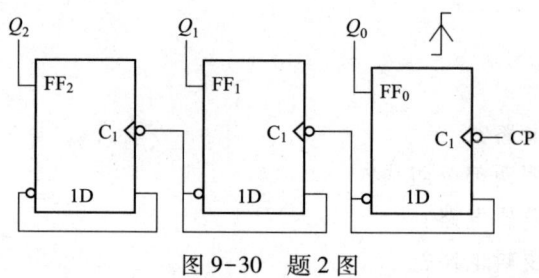

图 9-30 题 2 图

3. 分析如图 9-31 电路的逻辑功能。

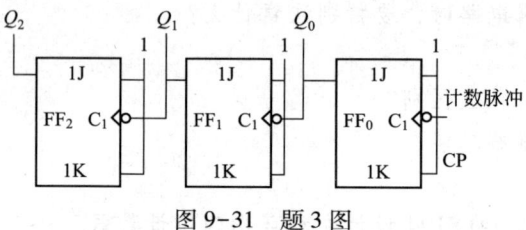

图 9-31 题 3 图

4. 分析如图 9-32 电路的逻辑功能。

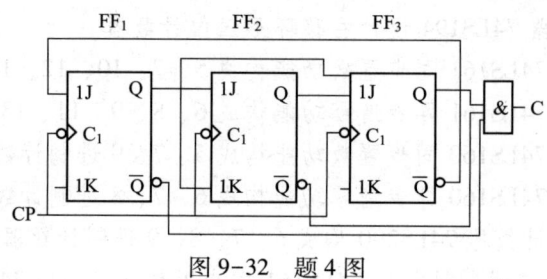

图 9-32 题 4 图

5. 分析如图 9-33 电路的逻辑功能。

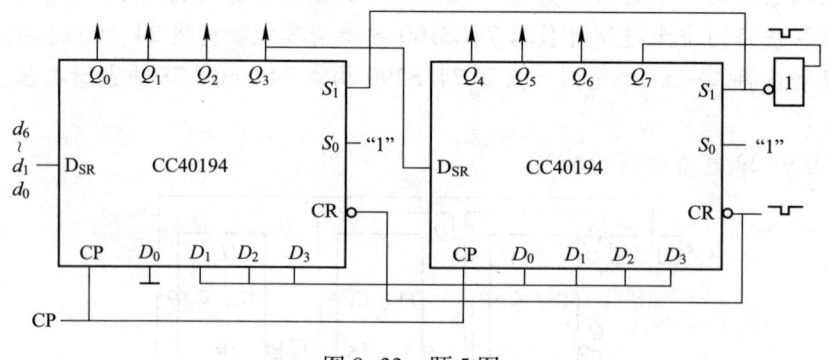

图 9-33 题 5 图

项目10 脉冲波形的产生与整形

项目描述

数字系统中所面对的都是离散的脉冲数字信号,这些脉冲信号有的是脉冲信号源产生的,有的是利用各种整形电路对已有的脉冲信号进行波形变换得来的。将能够产生脉冲波形并对脉冲波形进行整形、变换的电路称为脉冲电路,主要包括用于产生脉冲信号的多谐振荡器,用于波形整形、变换的双稳态触发器、单稳态触发器和多谐振荡器等。这些电路可分别由分立元件、集成逻辑门电路和集成电路来实现。

教学目标

【能力目标】
1. 能正确识别脉冲单元电路各组成部分。
2. 学习脉冲电路的功能特点、电路结构。
3. 学会探究学习,具备自主探究学习的能力。

【知识目标】
1. 了解各种脉冲波形变换电路的基本特点。
2. 理解双稳态触发器、单稳态触发器的基本工作原理。
3. 掌握555定时器的基本功能及典型应用。

【素质目标】
1. 能够形成自主探究学习的意识。
2. 树立"安全第一"的责任意识,养成遵章守纪的工作习惯。

任务 10.1　555 定时器认知

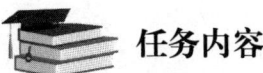

主要介绍 555 定时器的工作原理、电路结构及其功能。

10.1.1　555 定时器的结构

集成时基电路又称为集成定时器或 555 定时器,是一种数字、模拟混合型的中规模集成电路,应用十分广泛。只要在外部配上几个适当的阻容元件,就可以构成单稳态触发器、多谐振荡器、压控振荡器以及施密特触发器等脉冲发生与整形电路,这些电路广泛应用在工业自动控制、定时、限时、仿声、报警等许多方面。集成时基电路是一种产生时间延迟和多种脉冲信号的电路,由于内部电压基准源使用了 3 个 5 kΩ 的电阻分压器,故称 555 定时器。它在波形的产生与变换、测量与控制、家用电器、电子玩具等许多领域中都得到了应用。

各公司生产的 555 定时器的逻辑功能与外引线排列都完全相同,优缺点各有不同,单双 555 型定时器对比见表 10-1。

555 定时器的原理图和外引线排列图如图 10-1 所示。

表 10-1　单双 555 型定时器对比

单 555 型号的最后几位数码	双极型产品 555	CMOS 产品 7555
双 555 型号的最后几位数码优点	556 驱动能力较大	7556 低功耗、高输入阻抗
电源电压工作范围	5~16 V	3~18 V
负载电流	可达 200 mA	可达 4 mA

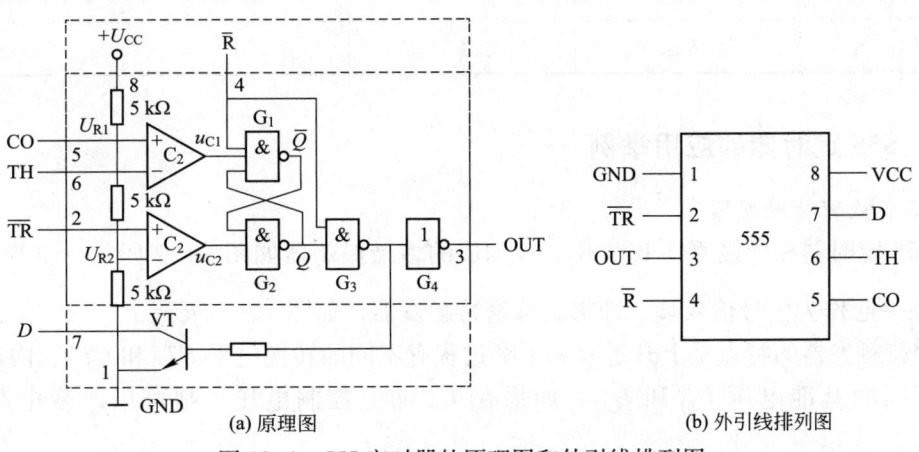

(a) 原理图　　　　　　　　　　　(b) 外引线排列图

图 10-1　555 定时器的原理图和外引线排列图

1. 电阻分压器

电阻分压器由 3 个 5 kΩ 的电阻 R 组成,为电压比较器 C_1 和 C_2 提供基准电压。

2. 电压比较器

当 $U^+>U^-$ 时,UC 输出高电平,反之则输出低电平。

CO 为控制电压输入端,当 CO 悬空时,$U_{R1}=(2/3)U_{CC}$,$U_{R2}=(1/3)U_{CC}$;当 $CO=U_{CO}$ 时,$U_{R1}=U_{CO}$,$U_{R2}=(1/2)U_{CO}$。

3. 基本 RS 触发器

其置 0 和置 1 端为低电平有效触发。R 是低电平有效的复位输入端。

正常工作时,必须使 R 处于高电平。

4. 放电管

放电管 T 是集电极开路的三极管,相当于一个受控电子开关。输出为 0 时,T 导通;输出为 1 时,T 截止。

5. 缓冲器

缓冲器由 G3 和 G4 构成,用于提高电路的负载能力。

10.1.2 555 定时器的工作原理

555 定时器共有八个引脚,根据 555 定时器原理图可得 555 定时器功能表(见表 10-2)。TH 接至反相输入端,当 $TH>U_{R1}$ 时,U_{C1} 输出低电平,使触发器置 0,故称为高触发端(有效时置 0);TR 接至同相输入端,当 $TR<U_{R2}$ 时,U_{C2} 输出低电平,使触发器置 1,故称为低触发端(有效时置 1)。

表 10-2 555 定时器的功能表

输入			输出	
TH	$\overline{TR}$	$\overline{R}$	OUT	T
×	×	0	0	导通
$>U_{R1}$	$>U_{R2}$	1	0	导通
$<U_{R1}$	$>U_{R2}$	1	不变	不变
$<U_{R1}$	$<U_{R2}$	1	1	截止

10.1.3 555 定时器的应用举例

1. 构成施密特触发器

由 555 定时器和外接原件 R_1、R_2、C 构成的多谐振荡器如图 10-2 所示,将管脚 TH 和 $\overline{TR}$ 连接在一起作为信号输入端,即得到施密特触发器,如图 10-3 所示。

施密特触发器的特点是上升过程和下降过程有不同的转换电平 UT^+ 和 UT^-。内部比较器有两个不同的基准电压 U_{R1} 和 U_{R2},如果在 U_{IC} 加上控制电压,则可以改变电路的 UT^+ 和 UT^-。

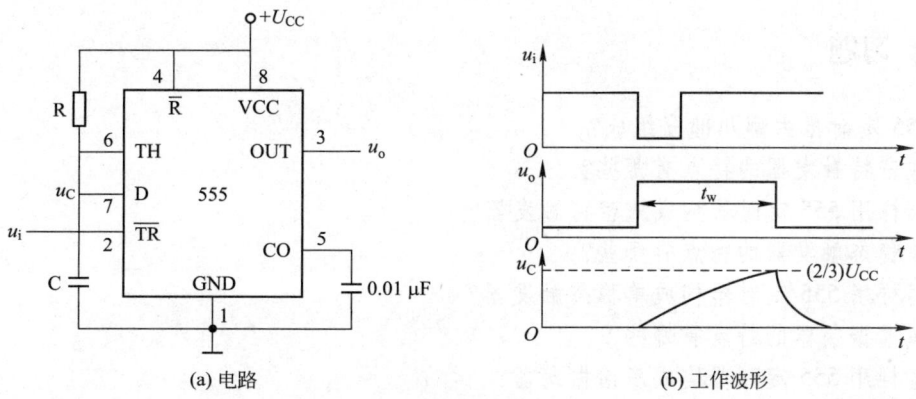

图 10-2 555 定时器构成多谐振荡器

2. 构成单稳态触发器

1）得到负脉冲

外触发：使高触发置 0 端 TH 有效→暂稳态 0。

自动返回：通过电容 C 的充放电使低触发置 1 端 $\overline{TR}$ 有效→稳态 1。

2）得到正脉冲

外触发：使低触发置 1 端 $\overline{TR}$ 有效→暂稳态 1。

自动返回：通过电容 C 的充放电使高触发置 0 端 TH 有效→稳态 0。

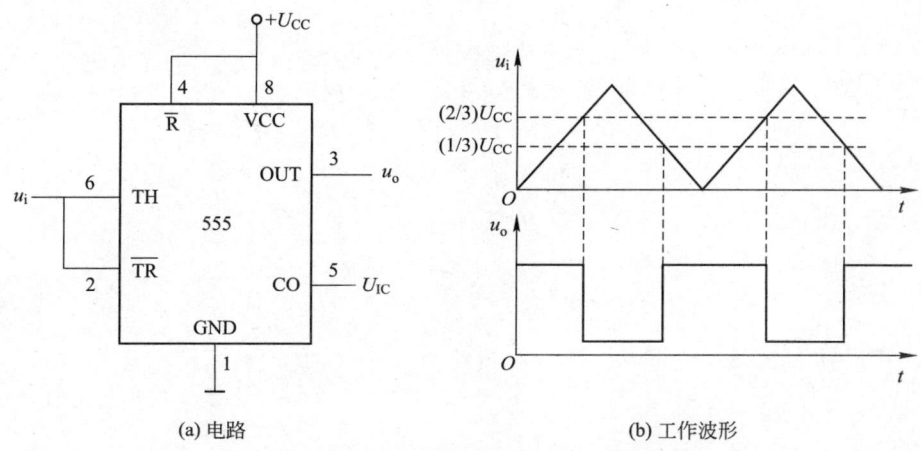

图 10-3 555 定时器构成的施密特触发器

当触发脉冲 u_i 为高电平时，U_{CC} 通过 R 对 C 充电，当 TH $= u_C \geq (2/3) U_{CC}$ 时，高触发端 TH 有效置 0；此时，放电管导通，C 放电，TH $= u_C = 0$。稳态为 0 状态。

当触发脉冲 u_i 下降沿到来时，低触发端 $\overline{TR}$ 有效置 1 状态，电路进入暂稳态。此时放电管 T 截止，U_{CC} 通过 R 对 C 充电。

当 TH $= u_C \geq (2/3) U_{CC}$ 时，使高触发端 TH 有效，置 0 状态，电路自动返回稳态，此时放电管 T 导通。

电路返回稳态后，C 通过导通的放电管 T 放电，使电路迅速恢复到初始状态。

 **习题**

1. 555定时器由哪几部分组成？
2. 施密特触发器的特点有哪些？
3. 怎样用555定时器构成施密特触发器？
4. 单稳态触发器的特点有哪些？
5. 怎样用555定时器构成单稳态触发器？
6. 多谐振荡器的特点有哪些？
7. 怎样用555定时器构成多谐振荡器？

任务 10.2 脉冲电路认知

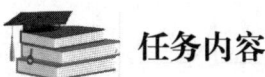 **任务内容**

掌握脉冲电路的工作原理,双稳态触发器和单稳态触发器的电路及其功能。

10.2.1 脉冲电路

1. 脉冲电路概述

脉冲的产生就像是"无中生有",其实它也和模拟振荡器一样,将电源提供的能量,转换成按一定规律变化的信号,只不过这里的信号形式是脉冲。

脉冲产生电路都有两个稳定状态(或暂稳态),并且在一定条件下实现状态的转换。电路从一个状态到另一个状态的转换过程,变化极其迅速,而在某一状态停留期间,电路的变化相对地缓慢得多,甚至停留不动。由于电路的工作过程具有这样时而"紧张",时而"松弛"的特点,所以脉冲产生电路又叫"张弛振荡器"。

脉冲产生电路的状态转换有两种方式:一种是完全有电路自身完成的,称为自激;另一种需要外加脉冲推动,称为触发。触发还可以有分两种:

双稳态触发电路:有两种稳定状态,两种稳定状态之间的转换都需要触发的电路。

单稳态触发电路:具有一个稳定状态和一个暂稳定状态,由稳定状态靠触发转换到暂稳态,而由暂稳态自激转换到稳定状态的电路。

脉冲信号,是指突然变化的电压或电流。脉冲电路的研究重点是波形分析。数字电路的研究重点是逻辑功能。获得脉冲波形的方法主要有两种:

(1)利用脉冲振荡电路产生;

(2)通过整形电路对已有的波形进行整形、变换,使之符合系统的要求。

以下主要讨论几种常用脉冲波形的产生与变换电路:

(1)施密特触发器:主要用以将非矩形脉冲变换成上升沿和下降沿都很陡峭的矩形脉冲。

(2)单稳态触发器:主要用以将脉冲宽度不符合要求的脉冲变换成脉冲宽度符合要求的矩形脉冲。

(3)多谐振荡器:产生矩形脉冲。

(4)555 定时器。

2. 常用脉冲波形及参数

脉冲波形是指突变的电流和电压的波形。常用的周期性矩形波的周期用 T 表示,有时也用频率 f 表示($f=1/T$)。矩形波的另外几个主要参数如下:

(1)脉冲幅度 V_m;

(2)脉冲宽度 t_w;

(3) 上升时间 t_r；

(4) 下降时间 t_f；

(5) 占空比 $q=t_w/T$。

通常占空比 q 用百分数表示，如果 $q=50\%$，则称为对称方波。矩形波常见的参数如图 10-4 所示，常见的脉冲波形图如图 10-5 所示。

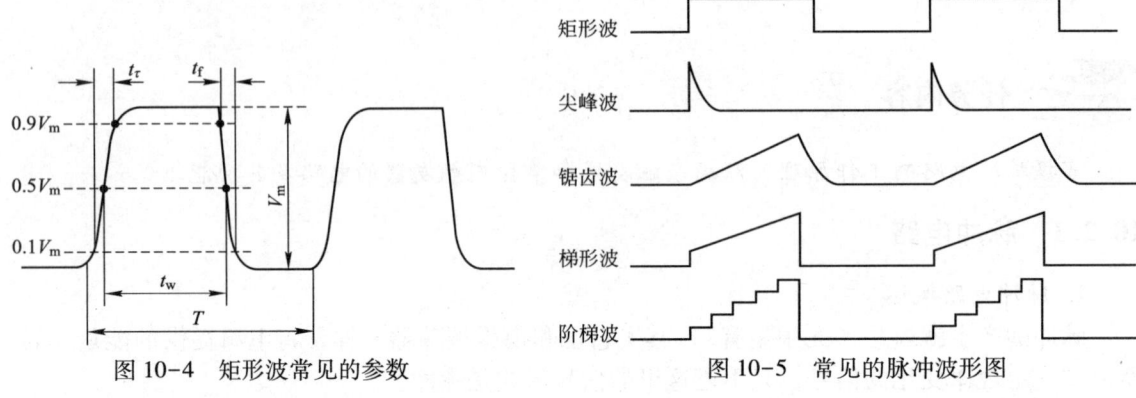

图 10-4　矩形波常见的参数　　　　　图 10-5　常见的脉冲波形图

10.2.2　施密特触发器

施密特触发器能把变化缓慢的信号波形变换为边沿陡峭的矩形波。

特点：

(1) 电路有两种稳定状态。两种稳定状态的维持和转换完全取决于外加触发信号。触发方式：电平触发。

(2) 电压传输特性特殊，电路有两个转换电平（上限触发转换电平 V_{T+} 和下限触发转换电平 V_{T-}）。

(3) 状态翻转时有正反馈过程，从而输出边沿陡峭的矩形脉冲。

1. 用集成门电路构成的施密特触发器

1) 电路组成由集成门电路构成的施密特触发器两个 CMOS 反相器和两个分压电阻（$R_1<R_2$）组成（如图 10-6 所示）。

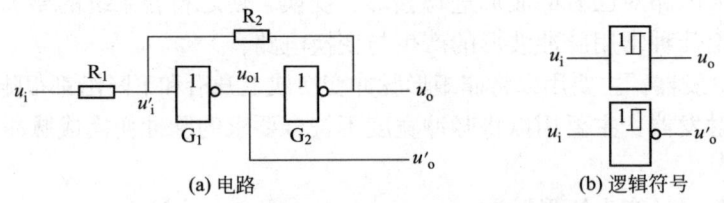

(a) 电路　　　　　　　　　　　(b) 逻辑符号

图 10-6　用集成门电路构成的施密特触发器

2) 工作原理

(1) 工作过程

设 CMOS 反相器的阈值电压 $U_{TH}=U_{DD}/2$，输入信号 u_i 为三角波，可得

$$u_{i1}=\frac{R_2}{R_1+R_2}u_i+\frac{R_1}{R_1+R_2}u_o$$

当 $u_i = 0$ V 时，G_1 输出电压 U_{OH}、G_2 输出电压 U_{OL}，即 $u_i = 0$ V。只要满足 $u_{i1} < U_{TH}$，电路就会处于这种状态（第一稳态）。

当 u_i 上升，使得 $u_{i1} = U_{TH}$ 时，电路会产生如下正反馈过程：

$$u_{i1} \uparrow \rightarrow u_{o1} \downarrow \rightarrow u_o \uparrow$$

电路会迅速转换为 G_1 输出电压 U_{OL}、G_2 输出电压 U_{OH}，即 $u_o = U_{DD}$ 的状态（第二稳态）。此时的 u_i 值称为施密特触发器的上限触发转换电平 U_{T+}。显然，u_i 继续上升，电路的状态不会改变。

如果 u_i 下降，u_{i1} 也会下降。当 u_{i1} 下降到 U_{TH} 时，电路又会产生以下的正反馈过程：电路会迅速转换为 G_1 输出电压 U_{OH}、G_2 输出电压 U_{OL} 的第一稳态。此时的 u_i 值称为施密特触发器的下限触发转换电平 U_{T-}。u_i 再下降，电路将保持状态不变。

（2）工作波形与电压传输特性

施密特触发器将三角波变换成矩形波。施密特触发器的电压传输特性如图 10-7 所示。

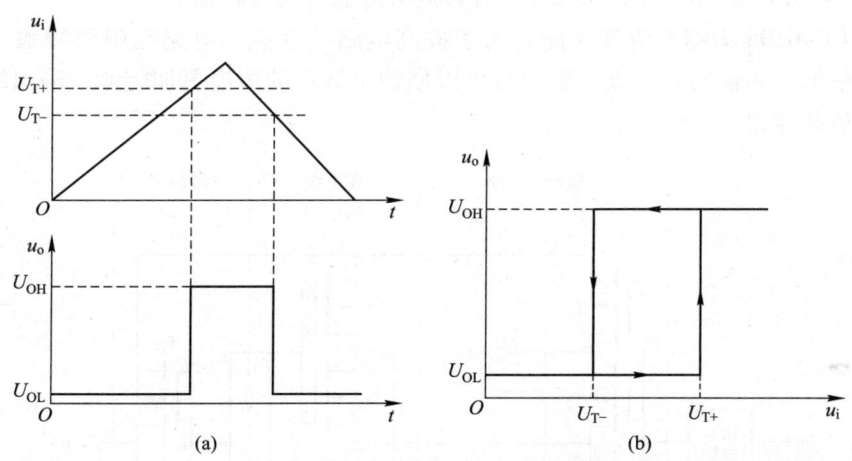

图 10-7 施密特触发器的电压传输特性

回差 $\Delta U_T = U_{T+} - U_{T-}$（通常 $U_{T+} > U_{T-}$），改变 R_1 和 R_2 的大小可以改变回差 ΔU_T。

2. 集成施密特触发器

集成施密特触发器的 U_{T+} 和 U_{T-} 的具体数值可从集成电路手册中查到。对于每个具体的器件而言是固定的，不可调节。

例如，CT74132 的 $U_{T+} = 1.7$ V、$U_{T-} = 0.9$ V，所以，$\Delta U_T = U_{T+} - U_{T-} = 1.7$ V $- 0.9$ V $= 0.8$ V。

1) 施密特触发与非门电路

为了对输入波形进行整形，许多集成门电路采用了施密特触发形式。例如，CMOS 的 CC4093 和 TTL 的 74LS13 就是施密特触发的与非门电路。

施密特触发与非门的逻辑符号如图 10-8 所示。

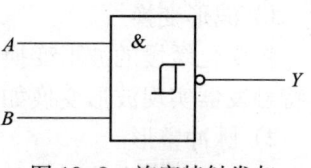

图 10-8 施密特触发与非门的逻辑符号

带与非功能的 TTL 集成施密特触发器如图 10-9 所示。

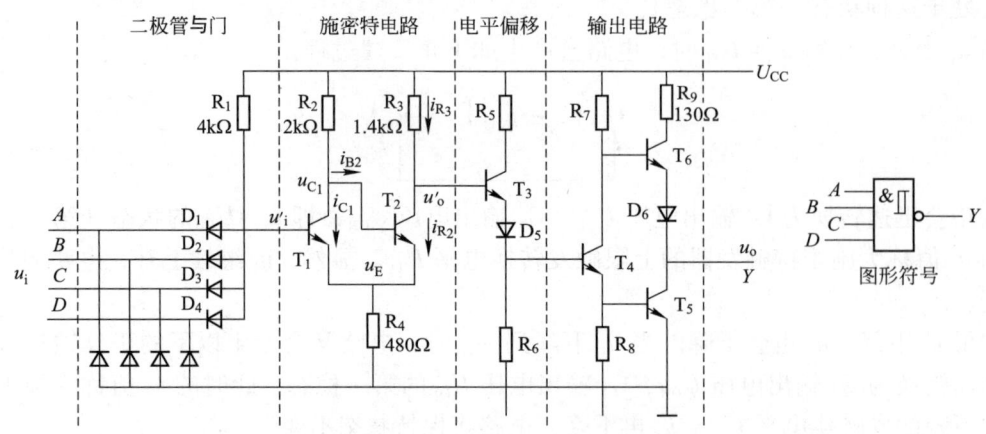

图 10-9 带与非功能的 TTL 集成施密特触发器

2）施密特反相器 CC40106

TTL 的 74LS14 和 CMOS 的 CC40106 均为施密特触发的反相器。

下面以 CC40106 为例说明其功能。为了提高电路的性能，电路在施密特触发器的基础上，增加了整形级和输出缓冲级。整形级可以使输出波形的边沿更加陡峭，输出缓冲级可以提高电路的负载能力。

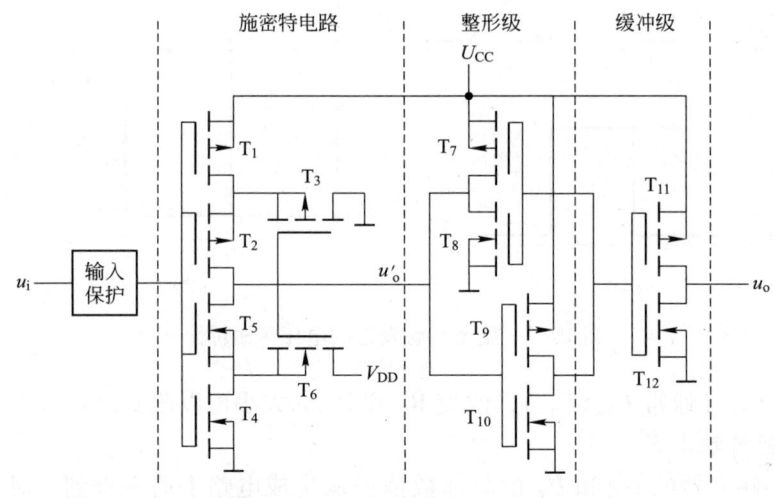

图 10-10 施密特反相器 CC40106

3. 施密特触发器的应用

1）波形变换

将变化缓慢的波形变换成矩形波（如将三角波或正弦波变换成同周期的矩形波）。用施密特触发器实现波形变换如图 10-11 所示。

2）脉冲整形

在数字系统中，矩形脉冲经传输后往往发生波形畸变，或者边沿产生振荡等。通过施密特触发器整形，可以获得比较理想的矩形脉冲波形。脉冲整形如图 10-12 所示。

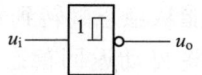

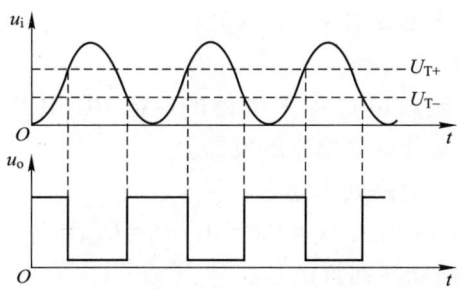

图 10-11 用施密特触发器实现波形变换

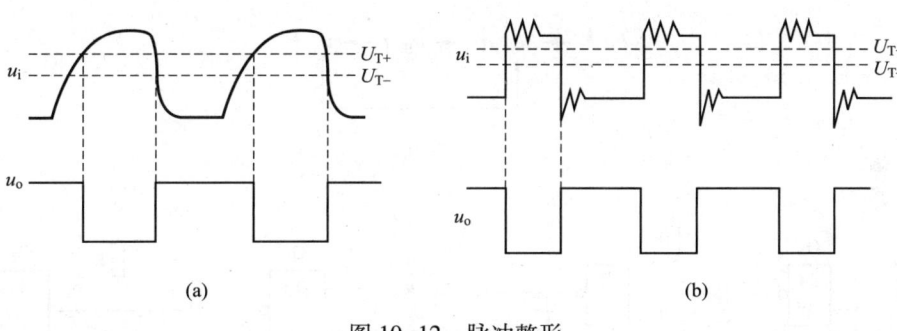

图 10-12 脉冲整形

3）脉冲鉴幅

将一系列幅度各异的脉冲信号加到施密特触发器的输入端，只有那些幅度大于 U_{T+} 的脉冲才会在输出端产生输出信号。可见，施密特触发器具有脉冲鉴幅能力。脉冲鉴幅如图 10-13 所示。

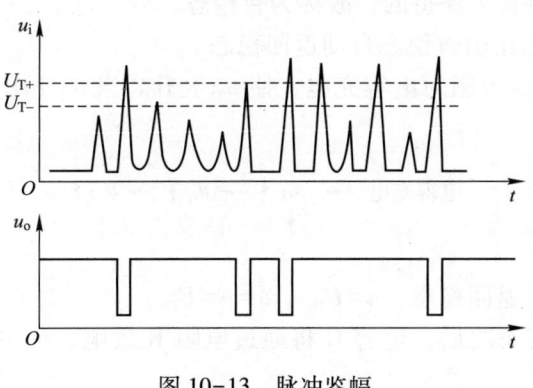

图 10-13 脉冲鉴幅

10.2.3 单稳态触发器

单稳态触发器的工作特点如下：

（1）有稳态和暂稳态两个不同的工作状态；

(2) 在外加脉冲作用下，触发器能从稳态翻转到暂稳态；

(3) 在暂稳态维持一段时间后，将自动返回稳态，暂稳态维持时间的长短取决于电路本身的参数，与外加触发信号无关。

1. 用门电路构成的单稳态触发器

1) 电路组成及工作原理

暂稳态是靠 RC 电路的充放电过程来维持的。把 RC 电路接成微分电路形式（如图 10-14 所示），该电路又称为微分型单稳态触发器。

(1) 输入信号 u_i 为 0 时，电路处于稳态。

$$u_{i2} = U_{DD}, \quad u_o = U_{OL} = 0, \quad u_{o1} = U_{OH} = U_{DD}$$

(2) 外加触发信号，电路翻转到暂稳态。

当 u_i 产生正跳变时，u_{o1} 产生负跳变，经过电容 C 耦合，使 u_{i2} 产生负跳变，G_2 输出 u_o 产生正跳变；u_o 的正跳变反馈到 G_1 输入端，从而导致如图 10-15 所示正反馈过程：

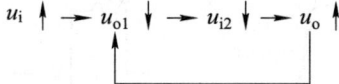

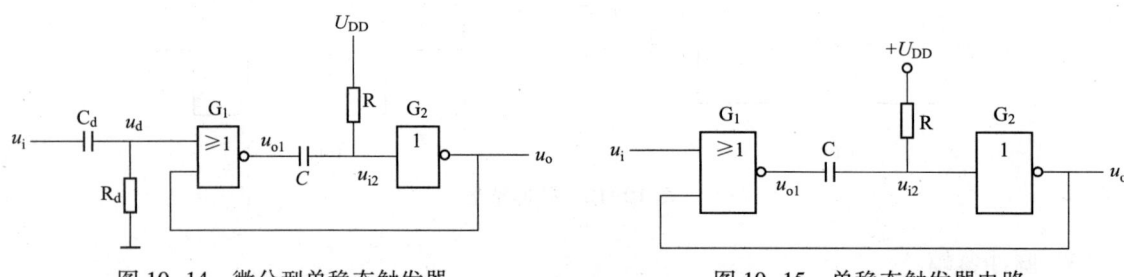

图 10-14　微分型单稳态触发器　　　　图 10-15　单稳态触发器电路

使电路迅速变为 G_1 导通、G_2 截止的状态，此时，电路处于 $u_{o1} = U_{OL}$、$u_o = u_{o2} = U_{OH}$ 的状态。然而这一状态是不能长久保持的，故称为暂稳态。

(3) 电容 C 充电，电路由暂稳态自动返回稳态。

在暂稳态期间，U_{DD} 经电阻对电容充电，使 u_{i2} 上升。当 u_{i2} 上升达到 G_2 的 U_{TH} 时，电路会发生如下正反馈过程：

使电路迅速由暂稳态返回稳态，$u = U_{OH}$、$u = u = U_{OL}$。

从暂稳态自动返回稳态之后，电容 C 将通过电阻 R 放电，使电容上的电压恢复到稳态时的初始值。

根据上面的分析，可画出电路中各点的电压波形，如图 10-16 所示。

2) 主要参数

(1) 输出脉冲宽度 t_w。

输出脉冲宽度 t_w，就是暂稳态的维持时间。根据 u_{i2} 的波形可以计算出：

$$t_w \approx 0.7RC$$

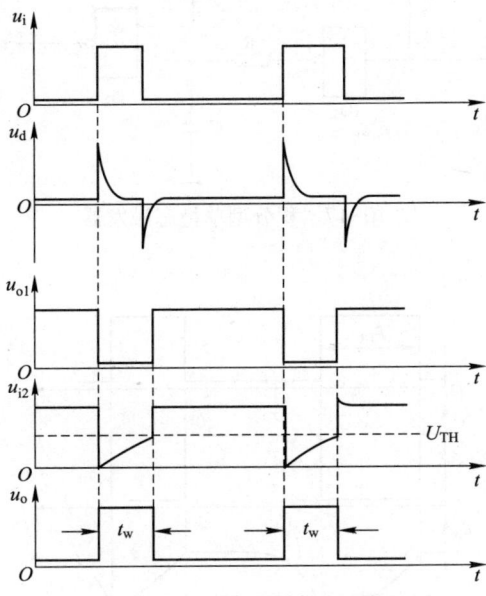

图 10-16 电路的电压波形图

（2）恢复时间 t_{re}。

暂稳态结束后，电路需要一段时间恢复到初始状态。一般恢复时间 t_{re} 为（3~5 s）放电时间常数（通常放电时间常数远小于 RC）。

（3）最高工作频率 f_{max}（或最小工作周期 T_{min}）。

设触发信号的时间间隔为 T，为了使单稳态触发器能够正常工作，应当满足 $T > t_w + t_{re}$ 的条件，即 $T_{min} = t_w + t_{re}$。因此，单稳态触发器的最高工作频率为

$$f_{max} = 1/T_{min} = 1/(t_w + t_{re})$$

在使用微分型单稳态触发器时，输入触发脉冲 u_i 的宽度 t_{w1} 应小于输出脉冲的宽度 t_w，即 $t_{w1} < t_w$，否则电路不能正常工作。

如出现 $t_{w1} > t_w$ 的情况时，可在触发信号源 u_i 和 G_1 输入端之间接入一个 RC 微分电路。

2. 积分型单稳态触发器

图 10-17 是用 TTL 与非门和反相器以及 RC 积分电路组成的积分型单稳态触发器，其电路结构图和电路中各点电压的波形如图 10-18 所示。

鉴于单稳态触发器的应用十分普遍，在 TTL 电路和 CMOS 电路的产品中，都产生了单片集成的单稳态触发器器件。使用这些器件时只需要很少的外接元件和连线，而且由于器件内部电路一般还附加了上升沿与下降沿触发器的控制和置零等功能，使用极为方便。此外，由于将元器件集成于同一芯片上，并且在电路上采取了温度补偿措施，所以电路的温度稳定性比较好。

用集成门电路构成的单稳态触发器虽然电路简单，但输出脉冲宽度的稳定性较差，调节范围小，而且触发方式单一。因此实际应用中常采用集成单稳态触发器。

1）输入脉冲触发方式

输入脉冲触发方式分为上升沿触发和下降沿触发。

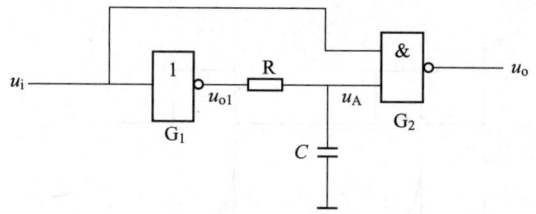

图 10-17　积分型单稳态触发器

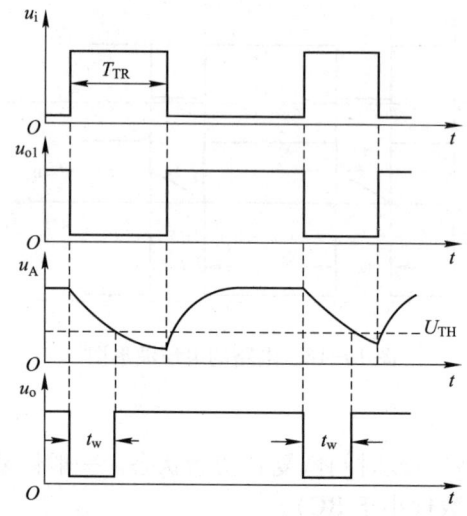

图 10-18　电路的电压波形图

2）不可重复触发型与可重复触发型

如图 10-19（a）为不可重复触发型单稳态触发器，该电路在触发进入暂稳态期间如再次受到触发，对原暂稳态时间没有影响，输出脉冲宽度 t_w 仍从第一次触发开始。如图 10-19（b）为可重复触发型单稳态触发器，该电路在触发进入暂稳态期间如再次被触发，则输出脉冲宽度可在此前暂稳态时间的基础上再展宽 t_w。因此，采用可重复触发型单稳态触发型器时能比较方便地得到持续时间更长的输出脉冲宽度。

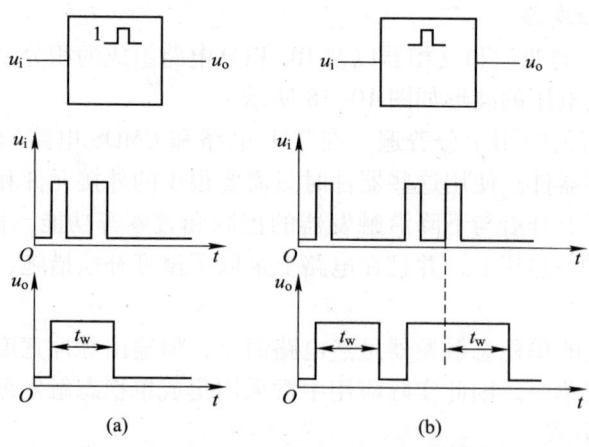

图 10-19　两种类型稳态触发器电路

3) TTL 集成单稳态触发器电路 74121 的功能及其应用

TTL 集成单稳态触发器电路 74121 是一种不可重复触发的单稳态触发器，它既可采用上升沿触发，又可采用下降沿触发，其内部还设有定时电阻 R_{int}（约为 $2\ k\Omega$）。TTL 集成单稳态触发器 74121 电路的功能表见表 10-3，其电路符号如图 10-20 所示。

表 10-3　TTL 集成单稳态触发器 74121 电路的功能表

输入			输出	
$\overline{A_1}$	$\overline{A_2}$	B	Q	$\overline{Q}$
0	×	1	0	1
×	0	1	0	1
×	×	0	0	1
1	1	×	0	1
1	↓	1	⊓	⊔
↓	1	1	⊓	⊔
↓	↓	1	⊓	⊔
0	×	↑	⊓	⊔
×	0	↑	⊓	⊔

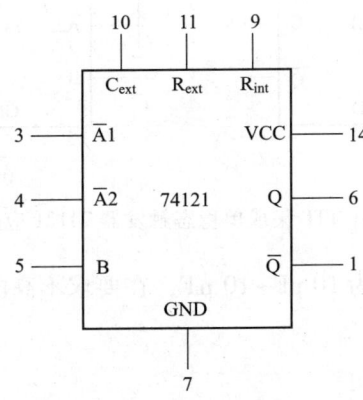

图 10-20　TTL 集成单稳态触发器 74121 的电路符号

（1）TTL 集成单稳态触发器触发方式见表 10-4。若 $B=1$，可以利用 $\overline{A_1}$ 或者 $\overline{A_2}$ 实现下降沿触发；若 $\overline{A_1}$ 和 $\overline{A_2}$ 中有 0，可以利用 B 实现上升沿触发。

表 10-4　TTL 集成单稳态触发器触发方式

输入			输出	
$\overline{A_1}$	$\overline{A_2}$	B	Q	$\overline{Q}$
0	×	1	0	1
×	0	1	0	1
×	×	0	0	1
1	1	×	0	1

续表

输入			输出	
$\overline{A_1}$	$\overline{A_2}$	B	Q	$\overline{Q}$
1	↓	1	⎍	⎎
↓	1	1	⎍	⎎
↓	↓	1	⎍	⎎
0	×	↑	⎍	⎎
×	0	↑	⎍	⎎

（2）定时元件的接法如图 10-21 所示。在图 10-21（a）中，外接电阻 $R=R_{ext}$（1.4～40 kΩ）；

在图 10-21（b）中，外接内部电阻 $R=R_{int}$（约为 2 kΩ）。

输出脉冲 u_o 的宽度

$$t_w \approx 0.7RC_{ext}$$

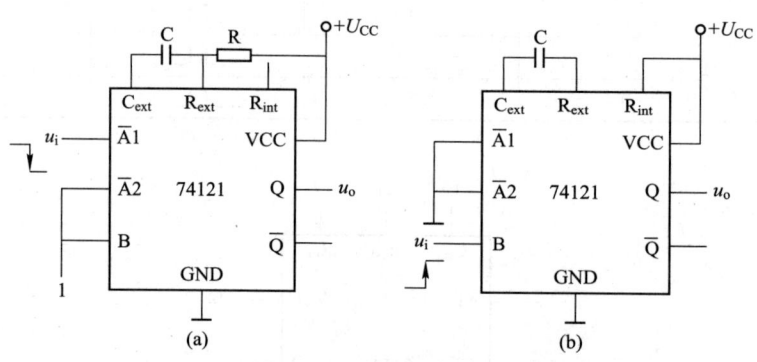

图 10-21 TTL 集成单稳态触发器 74121 应用电路

外接电容 C_{ext} 一般取值范围为 10 pF～10 μF，在要求不高的情况下最大值可达 1 000 μF。

 习题

一、判断题

1. 矩形脉冲的边沿陡峭程度是由上升时间、下降时间来描述的。（   ）
2. 施密特触发器正向阈值电压和负向阈值电压相同。（   ）
3. 施密特触发器具有滞回特性。（   ）
4. 施密特触发器能将缓慢变化的信号转换成边沿陡峭的脉冲。（   ）
5. 单稳态触发器具有两个稳态。（   ）
6. 单稳态触发器的暂时稳定状态时间与电路 RC 有关，还和触发脉冲宽度有关。（   ）
7. 单稳态触发器在触发信号作用下，在输出端产生幅度脉宽一定的脉冲。（   ）
8. 单稳态触发器能自行产生矩形脉冲。（   ）
9. 单稳态触发器具只有一个稳态，还有一个暂时稳定状态。（   ）
10. 施密特触发器具有两个稳态，没有暂时稳定状态。（   ）

二、填空题

1. 理想矩形脉冲主要性能参数有幅度、宽度和（　　）。
2. 施密特触发器具有（　　）稳定状态。
3. 单稳态触发器具有（　　）稳定状态。
4. 单稳态触发器的暂态时间取决于（　　）。
5. 施密特触发器具有（滞回）特性 $U_{T+} \neq U_{T-}$。
6. 施密特触发器用于波形变换（　　）、幅度检测等。
7. 单稳态触发器用于定时、延时（　　）等。
8. 单稳态触发器可分为不可重复触发和（　　）单稳触发器。

三、简答题

1. 施密特触发器主要特点是什么？
2. 施密特触发器主要用途是什么？
3. 施密特触发器为什么输出波形边沿很陡峭？
4. 单稳态触发器主要特点是什么？
5. 单稳态触发器主要用途是什么？
6. 可重复触发的单稳态触发器和不可重复的单稳态触发器有何异同点？分别做什么用途？